小城镇生态规划与可持续发展

刘会晓　彭博　姬星星　著

中国水利水电出版社
www.waterpub.com.cn
·北京·

内 容 提 要

　　本书针对小城镇的规划设计而撰写，全面系统地论述了小城镇生态规划与可持续发展。全书主要对小城镇生态规划、生态规划布局、基础设施工程规划等方面的内容进行了论述。

　　本书既有对小城镇规划设计的概念、理论和方法的系统阐述，又研究了近年来小城镇发展与规划中出现的趋势，资料详实，内容丰富，特别在小城镇空间布局、小城镇控制性详细规划、小城镇城市设计、小城镇生态保护及可持续发展等方面深入浅出，做了详细的论述。

图书在版编目（CIP）数据

小城镇生态规划与可持续发展 / 刘会晓，彭博，姬
星星著. -- 北京：中国水利水电出版社，2018.12 （2024.1重印）
　ISBN 978-7-5170-7277-5

　Ⅰ．①小… Ⅱ．①刘… ②彭… ③姬… Ⅲ．①小城镇
—生态规划—研究—中国②小城镇—可持续性发展—研究
—中国 Ⅳ．①X321.2②F299.21

中国版本图书馆CIP数据核字(2018)第291831号

书　　名	小城镇生态规划与可持续发展 XIAOCHENGZHEN SHENGTAI GUIHUA YU KECHIXU FAZHAN
作　　者	刘会晓　彭　博　姬星星　著
出版发行	中国水利水电出版社 （北京市海淀区玉渊潭南路 1 号 D 座 100038） 网址：www.waterpub.com.cn E-mail：sales@waterpub.com.cn 电话：(010)68367658(营销中心)
经　　售	北京科水图书销售中心（零售） 电话：(010)88383994、63202643、68545874 全国各地新华书店和相关出版物销售网点
排　　版	北京亚吉飞数码科技有限公司
印　　刷	三河市元兴印务有限公司
规　　格	170mm×240mm　16 开本　16 印张　207 千字
版　　次	2019 年 4 月第 1 版　2024 年 1 月第 3 次印刷
印　　数	0001—2000 册
定　　价	76.00 元

前　言

　　关于小城镇的概念,目前尚无统一的定义,不同的国度、不同的区域、不同的历史时期、不同的学科和不同的工作角度,会有不同的理解。在我国的经济与社会发展中,小城镇越来越发挥着重要作用。

　　在新的历史时期,小城镇已经成为农村经济和社会进步的重要载体,成为带动一定区域农村经济社会发展的中心。乡镇企业的崛起和迅速发展,农、工、商等各业并举和繁荣,形成了农村新的产业格局。发展小城镇,是从中国的国情出发,借鉴国外城市化发展趋势作出的战略选择。发展小城镇,对带动农村经济,推动社会进步,促进城乡与大中小城镇协调发展都具有重要的现实意义和深远的历史意义。

　　20 世纪 90 年代以来,一些城镇的大规模、高频率、不合理的土地利用与开发,不但造成城镇点源污染严重,而且使得城镇非点源污染也在不断加剧。面临环境的不断恶化趋势,解决城镇建设与生态环境之间日益尖锐的矛盾,协调城镇社会经济发展与资源环境的关系,寻求符合国情的可持续发展道路,是我国城镇规划建设、生态建设与环境保护不容忽视的十分重要的命题。良好的生态环境是人类生存的重要基础,也是城镇可持续发展的基础条件。我国城乡规划已从以前只重视环境保护规划转向开始重视生态规划。作者在此基础上撰写了《小城镇生态规划与可持续发展》一书,虽然目前对生态规划及研究的基础还相当薄弱,但是在实践中进一步检验真理,才能为生态规划的工作作出贡献。

　　全书分为绪论和六个章节,内容有:小城镇生态规划与可持续发展、小城镇生态规划布局、小城镇基础设施规划、小城镇生态景观规划、小城镇生态产业规划以及小城镇规划与可持续发展战略。

　　全书在内容的安排上十分用心，详尽地论述了小城镇的生态规划与可持续发展战略，提出了基本的小城镇布局与设计方案，突出了生态环境的规划与建设，将理论基础与实践方法相结合，并对生态产业进行研究，为可持续发展战略提供了更全面的思考方式，从中国小城镇发展的实际出发，走中国特色新型城镇化道路。

　　笔者在撰写本书时，得益于许多同仁前辈的研究成果，既受益匪浅，也深感自身的不足。希望读者阅读本书之后，可以对本书提出更多的批评建议，也希望有更多的研究学者可以继续对中国的城镇化建设提出更加宝贵的建议。

作　者

2018 年 7 月

目　录

绪　论

发展小城镇是推进我国城镇化建设的重要途径,是带动农村经济和社会发展的一大战略,对于从根本上解决我国长期存在的一些深层次矛盾和问题,促进经济社会全面发展,将产生长远而又深刻的积极影响。

一、研究的源起

小城镇即规模最小的城市聚落,是指农村一定区域内工商业比较发达,具有一定市政设施和服务设施的政治、经济、科技和生活服务中心。目前在中国,小城镇已经是一个约定俗成的通用名词,即是一种正在从乡村性的社区向多种产业并存的现代化城市转变中的过渡性社区。小城镇专指行政建制"镇"或"乡"的"镇区"部分,且"建制镇"应为行政建制"镇"的"镇区"部分的专称;小城镇的基本主体是建制镇(含县城镇),但其涵盖范围视不同地区、不同部门的事权需要,应允许上下适当延伸,不宜用行政办法全国"一刀切"地硬性规定小城镇的涵盖范围。

根据世界城镇化发展普遍规律,我国仍处于城镇化率30%～70%的快速发展区间,但延续过去传统粗放的城镇化模式,会带来产业升级缓慢、资源环境恶化、社会矛盾增多等诸多风险,可能落入"中等收入陷阱",进而影响现代化进程。随着内外部环境和条件的深刻变化,城镇化必须进入以提升质量为主的转型发展新阶段。另外,由于我国城镇化是在人口多、资源相对短缺、生态环境比较脆弱、城乡区域发展不平衡的背景下推进的,这决定了我国必须从社会主义初级阶段这个最大实际出发,遵循城镇化发展规律,走中国特色新型城镇化道路。

面对小城镇规划建设工作所面临的新形势,如何使城镇化水平和质量稳步提升、城镇化格局更加优化、城市发展模式更加科学合理、城镇化体制机制更加完善,已成为当前小城镇建设过程中所面临的重要课题。

在我国的经济与社会发展中,小城镇越来越发挥着重要作用。但是,小城镇在规划建设管理中还存在着一些值得注意的问题,主要是:

(1)城镇体系结构不够完善。从市域、县域角度看,不少地方小城镇经济发展的水平不高,层次较低,辐射功能薄弱。不同规模等级小城镇之间纵向分工不明确,职能雷同,缺乏联系,缺少特色。在空间结构方面,由于缺乏统一规划,或规划后缺乏应有的管理体制和机制,区域内重要的交通、能源、水利等基础设施和公共服务设施缺乏有序联系和协调,有的地方则重复建设,造成浪费。

(2)缺乏科学的规划设计和规划管理。首先是认识片面。在规划指导思想上出现偏差。对"推进城市化"、"高起点"、"高标准"、"超前性"等缺乏全面准确的理解。从全局看这些提法无可非议。但是不同地区、不同类型、不同层次、不同水平的小城镇发展基础和发展条件千差万别,如何"推进"、如何"发展"、如何"超前","起点"高到什么程度,不应一个模式、一个标准。由于存在认识上的问题,有的地方对城镇规划提出要"五十年不落后"的要求,甚至提出"拉大架子、膨胀规模"的口号。在学习外国、外地的经验时往往不顾国情、市情、县情、镇情,盲目照抄照搬,建大广场、大马路、大建筑,搞不切实际的形象工程,占地过多,标准过高,规模过大,求变过急,造成资金的大量浪费,与现有人口规模和经济发展水平极不适应。

针对小城镇规划建设管理工作存在的问题,当前和今后一个时期,应当牢固树立全面协调和可持续的科学发展观,将城乡发展、区域发展、经济社会发展、人与自然和谐发展与国内发展和对外开放统筹起来,使我国的大中小城镇协调发展。以国家的方针政策为指引,以推动农村全面建设小康社会为中心,以解决"三农"问题服务为目标,充分运用市场机制,加快重点镇和城郊小城镇的建设与发展,全面提高小城镇规划建设管理总体水平。要突出小城镇发展的重点,积极引导农村富余劳动力、富裕农民和非农产业加快向重点镇、中心镇聚集;要注意保护资源和生态环境,特别是要把合理用地、节约用地、保护耕地置于首位;要不断满足小城镇广大居民的需要,为他们提供安全、方便、舒适、优美的人居环境;要坚持以制度创新为动力,逐步建立健全小城镇规划建设管理的各项制度,提高小城镇建设工作的规范化、制度化水平;要坚持因地制宜,量力而行,从实际需要出发,尊重客观发展规律,尊重各地对小城镇发展模式的不同探索,科学规划,合理布局,逐步实施。

二、研究的内容、方法及意义

现代的城市设计方法能有效地控制城市物质环境的建成效果,因而越来越多地被采用到城市建设的各个方面和各个阶段。城市在呼唤城市设计,小城镇亦在呼唤城市设计。对于小城镇建设中存在的问题和弊病,我们应该在小城镇的规划设计中积极地引入城市设计方法。

小城镇的城市设计与在大中城市进行的城市设计本质上是一致的。但由于小城镇处于城市和乡村之间,规模较小,接近大自然,其固有的人文历史、民族、民俗等特色与大中城市还是有一定区别的,因此小城镇的城市设计除了遵循城市设计应进行的各项工作程序和内容外,一般都较简洁、单一,工作量也较小,但必须特别注重小城镇的特殊性在城市设计中如何体现的研究,以其在有限的空间内和有限的资金、建设量情况下使小城镇的面貌焕然一新,取得事半功倍的效果。因此对小城镇的城市设计不仅要有恰当的认识,重要的是对小城镇的城市设计问题的特殊性要有所研究,尤其是对小城镇城市设计在城镇总体规划阶段应有何内容与要求进行探讨。从理论研究到规划的实践探索都极为必要,就目前小城镇建设面貌已暴露出来的问题来看,这种研究与探索已到了必须引起各界关注的时候了。

　　小城镇总体规划往往对城镇形态与城镇主要空间的形成起到了决定性影响。从目前的小城镇规划现状来看,城镇形态的形成主要取决于用地布局的合理性,而缺乏对城镇形态感知方面的考虑,可谓合理而不一定合情。小城镇参照城市的"模样",千篇一律,营造大马路、大广场和现代建筑,造成"千镇一面"的景象,由于城市形态的可感知性与城镇空间的可识别性差,人们区分不出是到了什么镇。我们认为城镇的形态应该是可感知的,一个可感知的城镇形态是居民认同城镇并产生归属感的基本条件,也是形成可识别的城镇空间的基础,同时城镇个性特征也体现于此。城镇形态的可感知因素包括中心、标志物、边界、路径、空间与建筑物特征等几个方面。在城镇总体规划阶段的城市设计工作,可着眼于对城镇形态的可感知性研究,结合土地利用、交通规划等构建城镇整体布局意向。我国至今仍保存着的一些历史传统古镇,它们普遍具有较强的城镇形态、可感知性和城镇空间的可识别性,如一些标志性的建筑、街巷、中心等。人们进入该镇,有的行至边界时就一目了然地知晓到了哪里了。这方面的例子举不胜举,例如浙江省兰溪市诸葛镇(诸葛村)坐落于山丘环绕的一片谷地中和周边的小山岗上。岗阜自西北走向东南,房屋多数建在山城上,以免占用谷地的农田及水塘。村子的主要脉络是顺着岗阜延伸的,除了两条对外联系的道路外,大部分街路平行于等高线,垂直等高线的则多为小巷,曲折的街巷形成了著名的诸葛八卦村,加上其村中心的钟池,由一口大水塘和可以晒谷、休闲、集会多功能的小广场及四周民居组成,成为一种独有的标识。又如云南丽江除了有土木结构的"三坊一照壁,四合五天井,走马转角楼"式的瓦屋楼房外,加之几乎每条街巷一侧伴有潺潺流水的小溪,和采用五彩石铺砌、平坦洁净、"晴不扬尘,雨不积水"的街巷特征,无疑成为丽江独有的感知和识别系统。古镇的一些塔、寺、祠、桥、堡等建筑物、构筑物也是一种明显的标志,如云南大理的三塔,浙江泰顺的廊桥,山西阳城郭峪的堡门、灵石的王家大院、平遥的商家大院等。

在我国城市化过程中,小城镇的发展具有特殊重要的意义,它是中国城市化道路的现实选择。我国政府对小城镇十分关注和重视,在 20 世纪 90 年代中期,党中央、国务院把积极引导和加强小城镇建设工作作为进一步推动农村经济全面发展的重要意向工作,提出要充分认识到小城镇建设与农村经济、社会发展的密切关系;小城镇在深化农村经济体制改革、建立社会主义市场经济体制、吸纳农村剩余劳动力以及加快乡村城市化方面起到了关键的作用。小城镇是农村之首,城市之尾,是城乡连接之网的网结,"麻雀虽小,五脏俱全"。在寻找具有中国特色的、符合中国国情的城市化道路的探索中,小城镇对于缩小城乡差距,实现城乡协调,走向城乡一体化的目标,具有无可替代的重要地位和作用。

生态城市强调生态环境,更强调经济、社会、环境的协调发展,即从单纯的经济发展转向经济、社会和生态环境建设相结合的同步发展,从自然资源的单纯消耗转向有效保护、合理开发和充分利用相统一的发展道路。首先,通过分析城市的环境容量及社会经济总负荷,确定区域的活动容量和城市环境的合理容量。使城市的开发建设与环境保护相协调,使城市与其补给区的长期供给能力和长期承受能力相平衡,与其可持续发展的需求相适应。其次,要加强经济发展模式的根本转变。从过去片面追求以增长速度为中心转变为以提高效益为中心,使经济发展由外延扩大再生产为主转到以内涵扩大再生产为主的轨道上来,以现有资源消耗型的粗放经营转变为资源节约型的集约经营,由数量型发展模式向效益型发展模式转变。同时,努力促进科学技术发展,将生态经济发展奠定在依靠科学发展、技术进步的基础之上,这是协调经济、社会发展与防治污染、保护环境、改善生态、发展生态经济的根本途径。最后,在合理配置资源、调整经济结构中贯彻预防为主的方针,贯彻对自然资源的合理开发。绝不能使资源的耗费和枯竭速度超过资源再生的速度。特别是对不可再生的土地、矿产等资源,要通过合理利用和综合开发来提高其综合利用率和产出效益,进而改善和保持生态平衡,使城市生态系统维持在一个良性循环之中。

在倡导节能型经济的同时,加速再生能源对生物化石能源的替代,促进水能、风能、生物能、太阳能及核能等的开发利用,改变能源结构,保护城市环境。循环生产模式与节耗经济应当成为生态城市的重要追求目标,以使生产过程中向环境排放的物质减少到最低程度,实现资源、能源的综合利用。

充分发挥自然界的自净作用,是建设生态城市又一重要方面。自然界具有很强的自净能力,只要城市经济、社会各要素布局合理,容量适度,城市生态系统就可以实现良性循环,就不会破坏城市生态系统的结构和损害它的功能,各种物质和能量交换就能正常进行,城市环境质量就可得以保障。

建设生态城镇是人类保护自身赖以生存环境的客观需要,是未来城镇发展的必然趋向和理想目标,也是实现全球全人类可持续发展的必然选择。

第一章　小城镇生态规划与可持续发展

小城镇处于城乡结合的位置,是我国城镇化建设的重要组成部分,同时也是维护自然与社会平衡发展的关键地带,小城镇的建设面临着一系列的问题,尤其是生态环境的建设与规划。本章从小城镇入手,分析其规划与生态可持续发展等内容。

第一节　小城镇的形成与发展

小城镇的形成与发展与城市的发展历程息息相关,小城镇即规模最小的城市聚落,在现阶段是指一种正在从乡村性的社区改变成多种产业并存的向着现代城市转变的过渡型社区。

一、小城镇的概念

小城镇与城市虽然同属城市范畴,但有一定的区别。首先,小城镇是介于城市和乡村之间的区域,它是把城市与乡村两个不同的区域有机联系起来成为一个整体的纽带。尤其是在新的历史条件下,小城镇已经成为农村经济和社会进步的重要载体,成为带动一定区域农村经济社会发展的中心。著名社会学家费孝通先生指出:"小城镇是由农村中比农村社区高一层次的社会实体组成,这个社会实体是以一批并不从事农业生产劳动的人口为主体组成的社区,无论从地域、人口、经济、环境等因素看,它们都既具有与农村社区相异的特点,又都与周边的农村保持着不能缺少的联系。""小城镇当前在农村社会经济实质变化之中,它是个新型的、正在从农村性的社区变成多种产业并存的向着现代化城市转变中的过渡型社区。它基本上脱离乡村社区的性质,但还没有完成城市化的过程。"小城镇和城市有所区别还在于人口和建设用地规模远小于城市。

近年来,我国小城镇建设取得了长足的进步,但也存在不容忽视的问题:城镇化水平偏低,城镇化率增长缓慢,低于城市化率增长速度;缺少财政支持政策,镇级政府缺乏可支配财政收入,经济集聚能力弱;小城镇产业发展步伐较慢,产业优势不突出,支撑"块状经济"的单元规模不大、实力不强,产业链条较短;小城镇人口农民化现象普遍,"城中村"问题严重困扰城乡协调发展等,应当引起各级政府的高度重视。小城镇与城市在规模上仍然差异较大。但是小城镇也在努力完成配套设施建设,2010 年,小城镇人均住宅面积达到 30 平方米,公共绿地面积达到 385 万平方米,中心镇住宅楼房率达到 100%,一般乡镇住宅楼房率达到 60%以上;自来水普及率达到 100%;中心镇工业废水处理率达到 92%以上,一般乡镇生活污水处理率达到 87%以上;建成垃圾处理厂(站)25 个,垃圾处理率达到 80%以上;小城镇集中供热达到 500 万平方米,集中供热面积占总供热面积的比例达到 70%,中心镇集中供热率达到 90%以上;中心镇居民使用管道燃气率达到 100%,一般乡镇居民使用罐装液化气率达到 90%以上。

再者,小城镇还有城市没有的特征。①一般小城镇大多接近大自然,很多小城镇依山傍水,加之规模小,其四周被大片农林所包裹,具有城市难得的田园、山水风光和浓烈的乡土气息;②我国疆土辽阔,各种地域、民族、民俗、乡土文化、人文历史在小城镇里至今还大量保持着,深厚的人文、历史积淀形成了小城镇独有的特色,抓住这个特色,极易成为小城镇的标识,成为小城镇极具个性的独特表征。

二、小城镇的形成与发展

城镇并不是人类社会一开始就有的,城镇是社会发展到一定历史阶段的产物,它随着生产力和生产关系的社会分工而变化。

(一)聚落的形成与分化

1. 聚落的形成

聚落,也称为居民点。它是人们定居的场所,是配置有各类建筑群、道路网、绿化系统、对外交通设施以及其他各种公用工程设施的综合基地。聚落是社会生产力发展到一定历史阶段的产物,它是人们按照生活与生产的需要而形成聚居的地方。

2. 居民点的分化与城镇的产生

随着人类对生产方式的改进,生产力不断提高,劳动产品有了剩余,产生了交换的条件,人们将剩余的劳动产品用来交换,进而出现了商品通商贸易,商业、手工业与农业、牧业劳动开始分离,出现了人类社会第二次劳动大分工。这次劳动大分工使居民点开始分化,形成了以农业生产为主的居民点——乡村,以商业、手工业生产为主的居民点——城镇。

(二)小城镇的历史沿革

1. 中国古代的小城镇

我国的小城镇是在村落的基础上随着商品交换的出现而逐渐形成发展的。

早在原始社会,就形成了最早的村落,由于生产水平不断改进,生产力不断发展,劳动产品有了剩余,出现了产品交换。尤其是到了周代,我国由奴隶社会开始进入封建社会,私有制进一步发展,随着商品交换的更为频繁,集市贸易应运而生。

南北朝时期,北方先进的生产工具和技术与南方优越的农业自然条件相结合,极大地促进了农业生产力的提高。加上河网密布的便利的水运条件,集市贸易扩大并且日趋活跃,开始出现规模稍大的农副产品和手工业产品的定期交换场地——草市。

唐中叶后,草市的发展促进了集市贸易活动的普及推广。此时虽然集市还没有形成常住人口的聚集,但它作为基层经济中心的作用日趋明确,集期也以各地经济发展状况而定。到北宋时期,随着分工、分业的细化,集市贸易的兴旺,定期集更改为常日集,小城镇有了更大发展。由于集市贸易规模的不断扩大,人流不断聚集,统治者为了收税和防卫需要,在一些集市修筑围墙,派官吏监守市门,由知县管辖,于是草市升级为镇。据《元丰元域志》记载,当时已有小城镇1884个,除此之外,尚有草市上万个,形成了全国性的集镇网络。

宋代以后镇是指县以下的以商业、聚居为主的小都市,这个概念沿袭至今。所以现代意义的城镇应该追溯到10世纪前后的宋代,是在唐末乡村出现的大量居民聚居的草市的基础上形成的日常生活、商业、社交的场所。

到了明清时期,社会经济进一步发展,各地陆续出现了新兴小城镇,发展较快,密度与规模都有所增加,尤其是在商品经济发达的地区,民族资本主义工商业和银行的出现,大大地促进了小城镇的繁荣,小城镇的发展进入了兴盛时期,出现了景德镇、佛山镇、朱仙镇等一批中外闻名的城镇。在江南更是每隔十里就有市,每隔二三十里就有镇。

1840年由于鸦片战争的爆发,小城镇尤其是城市经济处于半殖民地化,小城镇的发展受到了阻碍,进入了衰败时期。

我国小城镇由于受到政治、宗教等的影响,还具有特殊的形成过程,存在众多其他来源的小城镇。例如由历史上的政治军事中心、宗教寺庙、交通枢纽等演变发展起来的。

2. 新中国成立后的小城镇发展

尽管城镇的发展具有上千年的历史,但一般来说,真正意义上镇的建制设置是从新中国成立后开始的,新中国成立以来我国小城镇建设城镇化的进程具有明显的波状起伏特点。[①]

(1)恢复和初步调整期(1949—1957 年)。新中国成立后,小城镇得到了初步的发展,一系列的经济、土地政策颁布,使小城镇得到较快的恢复和发展。据统计,1949 年我国建制镇只有 2000 个左右,1954 年发展到 5402 个,年均增长 30%;1949 年城镇人口 5765 万,1957 年增加到 9957 万,城市化率由 1949 年的 10.6% 发展到 1957 年的 15.4%。

(2)萎缩、停滞期(1958—1978 年)。这一时期我国实行单一计划经济管理体制,使得小城镇的发展受到一定制约,镇在这一时期作为一级人民政府的地位几乎消亡。至 1965 年底,全国建制镇数量减少到 3146 个,比 1954 年减少了 2254 个。1960 年城镇人口为 13073 万,占总人口比重的 19.7%,到 1965 年城镇人口比重仅为 14% 左右。

在 1966—1976 年的"文革"十年间,城镇发展依然停滞不前,甚至出现倒退,城镇人口比重下降。

1978 年开始进入改革开放时期,商品经济繁荣,城镇化回复了生机,在国家的一系列政策扶植下,加强城市对农村的支援,明确提出了发展小城镇的意义和基本思路。但是由于之前的城镇化的停滞,这一时期的发展仍然是落后的。1978—1983 年 5 年间,全国只增加了 795 个镇,平均每年增加 159 个,至 1983 年底全国也只有 2968 个镇,城市化率 21.6%。

(3)快速发展期(1984—2001 年)。随着政策的加快与深入开展,农村经济发展迅猛,使得农村生产力中从事非农业生产的比重加大,大批农村剩余劳动力涌向集镇从事各种非农行业,1984

---

① 吴康,方创琳. 新中国 60 年来小城镇的发展历程与新态势[J]. 经济地理,2009,29(10).

年底确立了以乡建镇的新模式,有力地推动了小城镇的迅速发展,当年年底建制镇由年中的 5698 个增加到 7186 个。之后大批的小城镇如雨后春笋般涌现,截至 2001 年底,我国共有建制镇 20374 个。

(4)协调提升期(2002 年至今)。小城镇经过上一个数量快速增长的时期后,自身在发展上也出现了一些不容忽视的问题。许多城镇的发展缺乏长远科学的规划,小城镇布局不合理,大多数小城镇集聚设施不配套等问题,这些都是在小城镇发展过程中我们面临的考验。

从全国来看,2002 年,我国建制镇的数量第一次超过了乡的数量,小城镇发展出现历史性拐点。从总体上看,改革开放后的 30 年,我国小城镇在规模和数量上的发展是健康的、快速的,说明中央制定的政策是符合我国发展规律的,其中出现的问题是不可避免的,需要制定相对应的政策,在发展的过程中总结经验,解决这一系列的问题。

第二节　生态学视域下的小城镇规划

生态学及其相关学科知识是小城镇生态环境规划的科学基础。生态学中的生态,是指生物与其生存环境的关系。但在环境保护的实际工作中,又常常应用生态环境这个词。《中华人民共和国环境保护法》第一章总则第一条中,将环境区分为生活环境与生态环境两部分。1999 年 1 月 6 日经国务院常务会议通过的《全国生态环境建设规划》中,也应用生态环境这个词。在环境保护的实际工作的其他方面,也常常应用生态环境这个词。

一、生态学的概述

生态学研究的基本对象是两方面的关系,其一为生物之间的关系,其二为生物与环境之间的关系。对生态学的简明表述为:生态学是研究生物之间、生物与环境之间相互关系及其作用机理的科学。

从学科上讲,生态学来源于生物学,是生物学的基础学科之一。到目前为止,生态学的大部分分支,都主要在以生物学为主的基础上进行研究。近年来,生态学迅速和地理学、经济学以及其他学科相互渗透,出现了一系列新的交叉学科。生态问题已成为全世界关注的问题,生态学研究的范围在不断扩大,应用也日益广泛。在当今人与自然的关系、社会与经济发展的过程中,生态学成为最为活跃的前沿学科之一。从生态环境、生态问题、生态平衡、生态危机、生态意识等使用频率很高的概念可以看到,生态学具有广泛的包容性和强烈的渗透性,现在已形成一个庞大的学科体系,涵盖了个体—种群—群落—生态系统的不同层次。

二、小城镇生态系统

生态学研究的是生物与环境之间的相互关系,其中包括人类与其周围动物、植物、微生物、自然之间的关系。按照生态学理论,自然生态系统是一个统一的整体,其中各个部分相辅相成,一个部分的变化将影响到系统中其他部分;反过来,这些变化又会导致其他方面的变化。系统对外来干扰,对变化有一个承受极限,超过此限度,自然系统就将处于不稳定状态。小城镇可以看成一种生态系统,它不仅包括生物复合体,而且还包括人们称为环境的全部物理因素的复合体。小城镇这个生态系统就包括小城镇特定地段中的全部生物(即生物群落)和物理环境相互作用的任何统一体,并且在系统内部,能量的流动导致形成一定的营养结构、生物多样性和物质循环(即生物与非生物之间的物质交换),强调一定地域中各种生物相互之间、它们与环境之间功能上的统一性。

三、生态环境规划的作用与任务

小城镇生态环境规划的宗旨和指导思想是贯彻可持续发展战略,坚持环境与发展综合决策,解决小城镇建设与发展中的生态环境问题;坚持以人为本,以创造良好的人居环境为中心,加强小城镇生态环境综合整治,改善小城镇生态环境质量,实现经济发展与环境保护"双赢"。

小城镇生态环境规划包括小城镇生态规划与环境规划。小城镇生态规划是依据规划期小城镇经济和社会发展目标,以小城镇环境和资源为条件,确定小城镇生态建设的方向、规模、方式和重点的规划。小城镇环境规划是以规划期小城镇环境保护为目标,以小城镇环境容量、环境承载力为条件,确定小城镇大气、水、土壤、噪声和固体废物、环境保护要求和环境整治措施的规划。

小城镇生态环境规划是小城镇生态建设和环境保护及其管理的基本依据,是保证合理的生态建设和资源合理开发利用以及制造良好人居环境的前提和基础,是实现小城镇可持续发展的重要保证。

四、生态环境规划与总体规划

以前我国城乡规划只重视环境保护规划,现在开始重视生态规划,但尚属起步阶段。应该说生态规划及其研究基础都还相当薄弱,加强这方面研究是城乡规划领域面临的重要任务之一。

小城镇总体规划中的生态环境规划主要是生态建设规划和环境保护规划,小城镇生态环境规划是小城镇总体规划的重要组成部分。小城镇生态环境应以小城镇总体规划为依据,而小城镇总体规划必须强调和重视体现小城镇生态环境规划的思想与理念。

第三节　小城镇可持续发展与生态管理

一、小城镇的可持续发展

(一)可持续发展的定义

可持续发展是指既满足当代人的需要,又对后代人满足其需要的能力不构成危害的发展。具体来说,可持续发展的实质是在经济发展过程中兼顾各方面利益,协调发展环境和经济,其最终目标是要达到社会、经济、生态的最佳综合效益,做到人口、资源、环境与发展的协调统一。

可持续发展这一新的发展观,为小城镇生态环境的发展和规划提供了新的理念,新的途径和方法也随之产生。

1. 可持续发展定义的基本要素

可持续发展定义包含两个基本要素——"需要"和对需要的"限制"。满足需要,首先是要满足贫困人民的基本需要。对需要的限制主要是指对未来环境需要的能力构成危害的限制,这种能力一旦被突破,必将危及支持地球生命的大气、水体、土壤和生物等构成的自然系统。

2. 可持续发展的内涵

从可持续发展的定义中分析,可持续发展有以下几个方面的内涵。

(1)共同发展。地球是一个复杂的巨系统,每个国家或地区都是这个巨系统不可分割的子系统。系统的最根本特征是其整体性,每个子系统都和其他子系统相互联系并发生作用,只要一个系统发生问题,都会直接或间接影响到其他系统发生紊乱,甚至会诱发系统的整体突变,其整体性在地球生态系统中表现最为突出。因此,可持续发展追求的是整体发展和协调发展,即共同发展。

(2)协调发展。协调发展包括经济、社会、环境三大系统的整体协调,也包括世界、国家和地区三个空间层面的协调,还包括一个国家或地区经济与人口、资源、环境、社会以及内部各个阶层的协调。

(3)公平发展。世界经济的发展始终存在着因水平差异而表现出来的层次性问题。如果这种发展水平的层次性因不公平、不平等而引发或加剧,就会由局部上升到整体,并最终影响到整个世界的可持续发展。

(4)高效发展。公平和效率是可持续发展的两个轮子。可持续发展的效率不同于经济学的效率,可持续发展的效率既包括经济意义上的效率,也包含着自然资源和环境的损益的成分。因此,可持续发展的高效发展是指经济、社会、资源、环境、人口等协调下的高效率发展。

(5)多维发展。人类社会的发展表现出全球化的趋势,但是不同国家与地区的发展水平是不同的,而且不同国家与地区又有着异质性的文化、体制、地理环境、国际环境等发展背景。此外,因为可持续发展又是一个综合性、全球性的概念,要考虑到不同地域实体的可接受性。

(二)可持续发展理论的历史沿革

可持续发展理论的形成与发展经历了三个历史性的发展阶段。

1. 萌芽阶段

20世纪50年代以后,在经济增长、城镇化、人口、资源等所形成的环境压力下,人们对传统发展的模式产生了怀疑。

1962 年，美国生物学家莱切尔·卡逊在她的作品《寂静的春天》里描绘了一幅由于农药污染所导致的可怕景象，惊呼人们将会失去"春光明媚的春天"，为环境问题敲响了警钟，引起了西方社会的强烈反响，西方学者开始对人类长远经济的发展予以关注和研究。

1972 年，两位美国学者巴巴拉·沃德和雷内·杜博斯发表《只有一个地球》，把人类生存与环境的认识提高到可持续发展的新境界。同年，国际著名学术团体"罗马俱乐部"发表了著名的研究报告《增长的极限》，明确提出"持续增长"和"合理的持久的均衡发展"的概念，随后围绕"增长极限理论"展开了大范围的讨论，为可持续发展理论的诞生奠定了基础。也是在这一年，联合国在斯德哥尔摩召开人类环境会议，通过了具有历史意义的《人类环境宣言》，可持续发展思想的萌芽正式产生。

2. 理论发展阶段

1980 年，国际自然保护同盟在世界野生生物基金会的支持下拟定了《世界保护战略》，第一次明确提出了"可持续发展"一词，标志着可持续发展思想的正式诞生。

1983 年，世界环境与发展委员会在挪威首相布伦特兰夫人的领导下，于 1987 年向联合国提出了一份题为《我们共同的未来》的报告，该报告对可持续发展的内涵做了界定和详尽的理论阐述，已经形成了完整的理论体系，这对可持续发展理论的成型和发展起了关键性的作用。

3. 实践应用阶段

20 世纪 90 年代以来，可持续发展理论被世界各国普遍接受，由战略思想转为实践。

1992 年 6 月，在巴西里约热内卢召开的联合国环境与发展会议上通过了《里约宣言》《21 世纪议程》《森林问题原则声明》三个贯穿有可持续发展思想的重要文件，并产生了《气候变化框架公约》和《生物多样化公约》两个国际公约。这一系列的决议和文件,把可持续发展由理论和概念推向行动,标志着已经把"可持续发展"推向人类共同追求的实现目标,"可持续发展"的思想在各国具有合法性并形成全球共识。随后各国纷纷制定符合本国国情的可持续发展战略,如我国制定了《中国 21 世纪议程》。截止到 1997 年,全球已经有约 2000 个地方针对当地的情况制定了 21 世纪议程。有 100 多个国家成立了国家可持续发展理事会或类似机构,有代表性的主要有美国总统可持续发展理事会、菲律宾国家可持续发展理事会等。

(三)可持续发展理论的基本原则

可持续发展是一种新的人类生存方式。这种生存方式不但要求应体现在以资源利用和环境保护为主的环境生活领域,更要体现到作为发展源头的经济生活和社会生活中去。贯彻可持续发展战略必须遵从以下基本原则。

1. 公平性原则

可持续发展强调发展应该追求代内平等和时代平等原则。

(1)代内平等。即指本代人的公平。可持续发展要满足全体人民的基本需求和给全体人民机会以满足他们要求较好生活的愿望。

(2)时代平等。即指代际的公平。要认识到人类赖以生存的自然资源是有限的。本代人不能因为自己的发展与需求而损害人类世世代代满足需求的条件——自然资源与环境,要给世世代代以公平利用自然资源的权利。

2. 持续性原则

持续性原则的核心思想是指人类的经济建设和社会发展不能超越自然资源与生态环境的承载能力。这意味着,可持续发展不仅要求人与人之间的公平,还要顾及人与自然之间的公平。

3. 共同性原则

鉴于世界各国历史、文化和发展水平的差异,可持续发展的具体目标、政策和实施步骤不可能是唯一的。但是,可持续发展作为全球发展的总目标,所体现的公平性原则和持续性原则,则是应该共同遵从的。要实现可持续发展的总目标,就必须采取全球共同的联合行动,认识到地球的整体性和相互依赖性。

(四)可持续发展理论的内容与特点

1. 可持续发展理论的内容

(1)可持续发展模式与评价指标体系。可持续发展的理论摒弃了过去过分强调环保和过分强调经济增长的偏激思想,主张"既要生存、又要发展"。这一点对于发展中国家是非常重要的。在评价指标体系方面是将资源核算、环境核算与国民经济核算进行关联研究,从而克服传统国民经济核算体系的缺陷,建立可持续发展目标导向的"资源—环境—经济"一体化管理体制。

(2)环境与可持续发展。20世纪70年代以后,环境经济学家提出利用价格机制、税收、信贷、赔偿等经济杠杆,以使社会损失计入私人厂商的生产成本,把外部因素内在化,使环境资源得到保护。

20世纪80年代以后,一些环境经济学方面的专家学者又进行了大量的环境价值论研究及价值评估,对环境资源价值论进行逐步完善。环境经济学在可持续发展中的作用除了将环境资源核算纳入到国民经济核算中以外,还有在微观层次上的建设项目的持续发展的费用效益分析,中观层次的产业结构及生产力的布局调整和宏观层次的政策研究。

（3）经济与可持续发展。经济与可持续发展的关系主要体现在两个方面：一是经济活动的生态环境成本问题；二是作为基础产业的农业协调生产优化问题。在经济活动的外部效果即社会成本方面，可持续发展理论把它从过去的宏观和微观分别考虑，转向宏微观结合。

（4）社会与可持续发展。对人口资源的正确估计是可持续发展战略考虑的前提之一。在对人口资源的正确估计方面，要首先考虑以下内容。

①人口的绝对数量与粮食问题。

②人口老化及养老保障。

③城市化带来的农业人口过剩。

④妇女问题和社会分工。

⑤人口素质、教育和社会结构的完善。

⑥人口信息的开发与利用及家庭结构问题。

另外，灾害防治和环境法制的研究也是可持续发展的主要内容。

2. 可持续发展理论的特点

（1）发展理论是当前可持续发展理论的基础，可持续发展的前提是发展，但此时的发展不是单纯的经济发展，而是要提高生产力水平，是社会的整体发展。

（2）区域的可持续发展问题是城市、城乡、省域乃至国际指定发展战略的首要问题，区域的经济、社会、环境和资源的协调发展是推动整个世界发展的前提。

（3）技术创新和技术支撑体系的建立是目前可持续发展的关键内容，应大力发展有关技术及监测手段。

（4）科教效益的作用逐步在社会进步和发展中显露出来，最终形成社会效益、环境效益、经济效益和科教效益的统一。

（5）微观单元企业的运行机制和内部要素结构正在逐渐向可持续发展方向靠拢。

二、小城镇的生态管理

(一)区域整体化与城乡协调发展理论

1. 区域整体化理论

对区域整体化和城乡协调发展的思考,源于 20 世纪初西方为解决"城市病"问题而进行的大量实践探索,是基于对大城市无限扩张、"城市病"演变为"地区病"的忧虑,为解决城乡之间深刻的社会矛盾而进行的尝试,是对城镇发展过程中的集中与分散规律、城乡职能互补规律及建立新型城乡关系进行辩证思考的过程。

苏格兰学者盖斯(P. Geddes)在《进化中的城市》中,提出应把规划牢固地建立在研究客观现实的基础上,强调将自然区域作为规划的基本构架,分析区域环境的潜力和容量限度对城市布局的影响,并首创了区域规划综合研究的方法。他初步提示了在西方工业化迅速发展时期开始出现的城市扩散趋势,并明确提出,城市规划的对象应是整个城市地区,要将乡村也纳入到城市研究的范畴。

2. 芒福德的区域整体论

在区域整体发展思想和区域规划理论研究方面,最具代表性的研究来自 20 世纪美国最杰出的大师芒福德精辟的理论阐述。他将当时城镇发展所面临的困境归结为"四大爆炸"。

对城镇密集地区,芒福德进一步提倡"区域整体论"(regionalintegration),主张大中小城市相结合,城镇与乡村相结合,人工环境与自然环境相结合。

区域发展整体化的关键在于城与乡的有机结合,即要加强区域经济网络的整体性、空间发展的整体性、城乡发展的整体性、时空发展的整体性,使城乡协调发展,形成一个多中心的综合体,其中有开敞的绿化空间,人工环境与自然环境相互协调,大中小城市相互协调,而不是一个个大城市在"摊大饼"。

3. 经济、社会、文化、环境综合发展理论

小城镇空间环境的发展不能只按照传统的规划概念制订土地利用的远景蓝图,只注重建设用地的规模扩大和功能安排,单纯地安排好各种物质设施的内容,还必须从城镇经济、社会、文化、环境等各方面综合发展,以及物质文明和精神文明并重的目的出发,进行全面规划,使城乡空间环境的发展不仅满足经济增长的需求,更要有助于促进社会的稳定和进步,维持地区的生态平衡。

(二)人居环境理论

1. 人居环境的概念和构成

人居环境,是人类聚居生活的地方,是与人类生存活动密切相关的地表空间,它是人类在大自然中赖以生存的基地,是人类利用自然、改造自然的主要场所。按照对人类生存活动的功能作用和影响程度的高低,在空间上,人居环境又可以再分为生态绿地系统与人工建筑系统两大部分。就内容而言,吴良镛先生提出人居环境包括五大系统:

(1)自然系统。指区域环境与城市生态系统、土地资源保护与利用、土地利用变迁与人居环境的关系、生物多样性保护与开发、自然环境保护与环境建设、水资源利用与城镇可持续发展等等,侧重于与人居环境有关的自然系统的机制、运行原理及理论和实践分析。

(2)人类系统。人是自然界的改造者,又是人类社会的创造者。人类系统主要指作为个体的聚居者,侧重于对物质的需求与人的生理、心理、行为等有关的机制及原理、理论的分析。

（3）社会系统。主要是指公共管理和法律、社会关系、人口趋势、文化特征、社会分化、经济发展、健康和福利等。涉及由人组成的社会团体相互交往的体系,包括由不同的地方、阶层、社会关系等的人群组成的系统及有关的机制、原理、理论和分析。

（4）居住系统。主要指住宅、社区设施、城镇中心等,人类系统、社会系统需要利用的居住物质环境及艺术特征。居住问题仍然是当代重大问题之一,当然也是中国重大问题之一。住房不能仅当作一种实用商品来看待,必须要把它看成促进社会发展的一种强力的工具。

（5）支撑系统。支撑系统是指为人类活动提供支持的、服务于聚落,并将聚落联为整体的所有人工和自然的联系系统、技术支持保障系统,以及经济、法律、教育和行政体系等。主要指人类居住区的基础设施,包括公共服务设施系统——自来水、能源和污水处理;交通系统——公路、航空、铁路;以及通讯系统计算机信息系统和物质环境规划等。

人居环境理论以两方面为最基本的前提:人居环境的核心是"人",人居环境研究以满足"人类居住"需要为目的。大自然是人居环境的基础,人的生产活动以及具体的人居环境建设活动都离不开更为广阔的自然背景。在人居环境科学研究中,建筑师、规划师和一切参与人居环境建设的科学工作者都要自觉地选择若干系统进行交叉组合（2～3 个或更多的子系统）。当然,这种组合不是概念游戏,而是对历史的总结,对现实问题的敏锐观察、深入的调查研究、深邃的理解,以及对未来大趋势的掌握与超前的想象。

2. 人居环境理论的五大原则

（1）生态观。生态观指正视生态的困境,提高生态意识。人类需要与自然相互依存。人类保护生物的多样性,保护生态环境不被破坏,归根到底,就是保护自己。严峻的人口压力和发展需求,使得资源短缺、环境恶化等全球性的问题变得更为严峻;城乡工业的发展,污染物的排放正在侵蚀着中国大地的空气、水体和土壤,改变了我们和整个生物圈赖以生存的自然条件,局部地区已超出了大自然恢复净化能力,自然生态系统的运行机制和生态平衡遭到破坏;城镇的蔓延、边际土地的开垦、过度放牧等加剧了自然环境的破碎化和荒漠化进程。

(2)经济观。经济观指充分考虑经济因素。住宅建设已成为国民经济的支柱产业,区域的基础设施建设对促进经济发展影响深远,在此过程中,与世界其他地区和国家之间的联系日趋紧密,不断提出新的建设要求,对建设也产生相当的影响。这就要求做到:

①决策科学化。作好任务研究和策划,更好地按科学规律、经济规律办事,以节约大量的人力、财力和物力。应该说,基本建设决策的失误是最大的浪费。

②要确定建设的经济时空观。即在浩大的建设活动中,要综合分析成本与效益,必须立足于现实的可能条件,在各个环节上最大限度地提高系统生产力。

③要节约各种资源,减少浪费。资源短缺是制约我们开展人居环境建设的客观条件,如今,我们要全面建立社会主义市场经济体制,实现经济增长方式由粗放型向集约型的根本转变,这一切将使中国人居环境建设的资源矛盾比以往任何时刻都更加尖锐地暴露出来,因此,必须努力节约各种资源,减少浪费,以实现人居环境建设的可持续发展。

(3)科技观。科技观指发展科学技术,推动经济发展和社会繁荣。科学技术对人类社会的发展有很大推动,它对社会生活,以至对建筑城镇和区域发展都有积极的、能动的作用。但是,科技给人类社会带来的变化,简言之,是一个新的文化转折点。我们迫切需要从社会、文化和哲学等方面综合考虑技术的作用,妥善运用科技成果,人居环境建设也不例外。

(4)社会观。社会观指关怀广大人民群众,重视社会发展整体利益。人类将更多地关注经济增长过程中的自身发展和自我选择,重视对个人的生活质量的关怀。当今,即使在某些发达国家,也有人已警觉到"技术进步了,经济水平提高了,人们未必都能获得一个较为良好的有人情味的环境",并认识到"以追求利润为动机建造城镇,以满足少数人的利益需求或者顺应那些变化无常、相互交织的'决策',这是完全错误的,城镇建设不仅仅是建造孤立的建筑,更是重要的创造文明"。

在世纪转折之际,人类面临发展观的改变,即从以经济增长为核心向社会全面发展转变,走向"以人为本"。人类社会全面发展是把生产和分配、人类能力的扩展和使用结合起来。它从人们的现实出发,分析社会的所有方面,无论是经济增长、就业、政治行为,还是文化价值。

（5）文化观。文化观指科学的追求与艺术的创造相结合。在经济、技术发展的同时强调文化的发展,它具有两层含义。

①文化内容广泛。这里特别强调知识与知识活动,学问技能的创造、运作与享用。就居住环境来说,应为科学、技术、文化、艺术、教育体育、医药卫生、游戏、娱乐、旅游等活动组织各种不同的空间,这是十分重要的内容。

②文化环境建设是人居环境建设的最基本的内容之一。对一个城镇和地区的经济、技术发展来说,文化环境也不是可有可无的。因为"如果脱离了它的文化基础,任何一种经济概念都不可能得到彻底的思考"。

(三)环境容量

环境容量是指某地区的环境所能承载人类活动作用的阈值。环境承载力的大小可以用人类活动的方向、强度及规模来反映。如何在小城镇建设中有效地宏观控制小城镇环境质量,已成为小城镇可持续发展战略中的重要课题,也是小城镇建设决策中的首要任务。

1. 环境容量的概念及内涵

20 世纪 70 年代以来,人类对自身发展方向和生存基础日益关注,提出了在一个相对闭合的区域内,环境对被供养人口的承受能力的概念,并以此作为一个区域内环境容量标准。环境容量于 20 世纪 70 年代末引入我国后,在环境科学界迅速得到了广泛应用。

在我国已经或正在进入城镇化加速阶段的形势下,小城镇环境容量研究势在必行。对环境容量的概念也有一些不同的界定。环境对外部影响有一定反馈调节能力,在一定限度内,环境不会因为受人为活动的干扰而被破坏,这一限度范围是随时间、地点和利用方式而有所差异的,环境的这种自净调节能力称之为环境容量。

2. 环境容量理论的应用

以往在城镇规划中,规划师们忽略了一个非常重要的问题,这就是环境容量的概念。之所以在小城镇发展过程中出现如前所述的许多的环境问题,就是因为我们不了解人类赖以生存的环境所能承受的外部影响能力到底有多大,亦即该地区的环境容量。因此,只有了解一个小城镇的地域范围内的环境容量,选择对自然资源适度的开发方式,才能保持小城镇生态平衡,从而保持环境自身的净化能力和再生能力得到适度的使用。

(四)生态安全格局理论

自然生态系统的稳态机制及自然与人居的分室发展策略为生态安全格局的形成奠定了理论基础。为维持生态安全机制,生态安全格局应保留区域中的一定地段和景观要素作为生态稳定性的空间,这构成人居环境生态安全的基础。生态研究的目标之一就是要指明人居环境的建设地域,以保证不妨碍地域的自然演进过程及不破坏系统的安全机制。不同地区的独特性决定其不同的生态安全格局,可以通过客观的分析来形成之。

1. 格局的结构要素

生态学的理论研究把地球表面的生态系统(景观要素)按其在区域中的地位与形状分成点、线、面三种类型,形成了区域景观单元的结构要素。任何地域都是通过这三种类型在空间的组合与镶嵌而形成一个整体。通过对研究地域中的这几个结构要素的分析,可以勾勒出区域的自然要素结构关系及其物质能量的流动关系,即生态系统之间、景观单元之间的生态关联。

点—斑块(Patch):是在外貌上与周围环境明显不同的非线性地表区域。斑块的大小、形状、类型、异质性、边缘等重要性状有很大差别。在空间表现上,斑块与其周围地区有不同的物种结构和成分,构成了物种的集聚地、生物群落或人类聚居地。随着人类对地球表面的开发与影响程度的加剧,人为斑块逐渐增多,而自然斑块日趋减少。斑块间的连通性也常因廊道的被切断而失去联系。

线—廊道(Corridor):是不同于两侧基质的狭长地带。它可能是一条孤立的带,也可能与某种类型的斑块相连。可能是人为营造的,也可能是天然的。

廊道有双重性质,一方面它将地域中的不同部分隔离开,另一方面又将景观中的另外某些不同部分连接起来。即既有隔离作用,构成阻碍,又有连接作用,形成移动的通路。随着自然地带的逐渐被分解孤立,廊道作为连接作用的功能被逐渐重视,并认为有可能通过廊道的连接,利用较少的空间组合而成为空间的网络体系,以达成与大面积生态空间相似的生态功能。

面—基质(matrix):是区域中的背景地域,很大程度上决定了景观的性质,对动态起着决定作用。在地域中,基质占面积最大,连接度最强。如人类垦殖区中的农田,城镇建成区中的混凝土地段等。

随着人类利用程度的增大,基质与斑块之间可以互相转换。如一个地区的乡村景观逐渐演变为城镇景观的过程:起初,在广阔的农田景观(基质)中零散分布着住宅斑块,这类斑块逐步发展、聚集并扩散,扩大成为城镇。每一个城镇的继续膨胀,逐步吞没了周围的农田,连成一片成为特大城镇或城镇群,城镇景观出现。至此,城镇成为基质,而城镇中残留的一些农田,则成为城镇景观中的斑块了。

2. 作用机理

在区域生态系统内部,各生态系统的组成要素、空间元素之间,有着不间断的物质与能量交换与流动。生态学的研究认为,通过空间元素间的流有能量流(包括热能和生物能);养分流(包括无机物质、有机物质和水);以及物种流(包括各种类型的动植物以及遗传基因)。当这些"流"在空间元素间的流动规模超过空间元素的承载能力时,就会成为一种干扰因素,导致空间元素或景观中的生态系统或者生物群落的结构发生变化,并进而影响其功能的正常运行。如上游地区的洪水导致下游地区的泛滥,影响并破坏下游地区的生态系统结构;城镇向外围排放废水,超过了环境的承载能力,成为污染,破坏了局部地区的水生生态系统和土壤生态系统等。

研究还表明,空间元素或景观元素之间相互作用机制通常通过四种方式来完成:一是风,它携带水分、灰尘、种子、小昆虫以及热量等,从一个生态系统类型移向另一生态系统类型,形成空气及其携带物的空间迁移;二是水,包括雨、冰、地表径流、地下水、河流、洪水等,能携带矿物养分、种子、昆虫、垃圾、肥料和有毒物质,在空间元素之间进行迁移;三是动物,包括飞行动物与地面动物,如鸟、蜜蜂、狐等,它们的翅膀或脚趾可以携带种子、孢子、昆虫等。它们吃下果子后,果子经过消化,种子通过粪便传播;四是人,不仅人体本身可以携带各种物质,而且会利用容器、车船等工具将物质带到目的地。此外,果实自身炸裂,散落种子,土壤的下滑移动等也可能导致景观元素间的相互作用。

　　景观元素之间物质、能量、养分与物种的空间迁移被现代生态学认为具有维护区域多样性、区域生态活力及生物多样性的重要作用,在规划中应通过对地区实际景观元素的认识与划分,维持而不是破坏空间元素之间的相互作用机制。如地区的微地貌特征,决定了局部地区的空气流动、水分湿度及其物质能量的空间流向,如果"一刀切"地将之推平,就会破坏其原有的生态循环体系及原有的相互作用机制,一方面破坏了建设地段的生态系统,另一方面在排水、气流、温差等诸方面影响了周围生态系统与周围环境,这是不考虑生态过程与自然框架的恶果。

　　人类主要通过影响空间元素的类型构成、空间格局等来影响整个区域内的生态过程。如城镇建设需要清除地表植被,进行地面铺装,形成不透水下垫面,引进了城镇这一全新的空间元素,及其相关的城镇活动对原有地区的植物、动物、水、风等生态过程都产生影响。这种影响的性质与程度与力度,能否为区域原有的生态过程所接受,并形成新的良性循环体系,取决于对整个地区生态过程及其运行机制的干扰程度,取决于能否达成与自然运行机制相适应的空间结构模式。

　　生态学的研究还认为,影响能量流、养分流与物种流在空间上的运动方向与距离的驱动力,有扩散力、物质流与移动力等。

　　扩散力,主要指物质从高浓度向低浓度的分子运动,如大气污染物在空间中扩散与蔓延;也指动物从高密度区向低密度区的地盘扩展,形成以一定浓度为中心向周围淡化的趋势。扩散力往往在小尺度的生态过程与物种流动中很重要。

　　物质流,由压力与重力形成的,是物质沿能量梯度的运动。风是一种重要的物质流,是由于大气中的压力差异而产生的空气分子从高压区向低压区的运动。风作为一种传输介质,使轻的物质如昆虫、种子、树叶、大气污染物带到附近的景观中,进行长距离或短距离的输送。如风由城镇郊区吹到城区,在带来新鲜空气的同时,也可能携带进城郊农业区昆虫、种子等,并影响到城区的生态状况。此外,风还能传输热能,城区的热空气向上空流动,而由城郊吹向城区的风降低了城镇的温度,形成了环流。水是在重力作用下形成的另外一种物质流,它们携带着营养物质、种子、水体污染物等运动,甚至冲走土壤颗粒形成水土流失和泥石流。风和水构成了区域生态系统最活跃的传输媒介,并形成生态功能环。但风和水会因地形条件与空间元素的不同组合及空间格局的不同而有不同的功能表现形式。

移动力,是物体消耗本身能量从一个地方运动到另一个地方。移动力的最重要的生态特征是造成物质在空间元素中的高度聚集,那些散布在各空间元素中的物质被集中在某一个元素中。另外一种移动力造成的格局是扩散,如城镇中的产品向周围地区的扩散等。

通过对作用机理的分析,可以比较明确地认识到能量流、养分流与物种流在空间的迁移指向,并力图在规划中通过空间位置的选择、空间形态的设计、空间结构的布置、街道的朝向等各方面来保护与维持原有的生态过程,形成与地段相协调的规划设计。

3. 生态过程与规划

(1)生态过程。生态安全格局中的生态过程主要指风、水、动植物的空间迁移。

①地形的影响。一个地区的空间元素之间的相互作用及其生态过程,除与地理纬度、离海远近、季节变化以及大气环流等大的背景条件有关外,其地形地貌条件有着决定性的作用。

地形的起伏,地貌的特征,形成了不同的坡向坡度,决定了太阳辐射、降水、热量等在时空上的重新分配,改变了风、水等介质的运行路径、方式及时空格局。对中小尺度的空间元素的相互作用产生巨大影响。

②水过程。水循环过程在区域生态系统中具有重要的地位。它的循环保证了地球表面能以较小数量的淡水资源来供给生态系统的需求。地表河流不仅在上游地区构成了对地表的侵蚀,在

中下游堆积,而且形成了水生生物的生存环境,也是流域内的生态系统通道,对区域内的物质能量养分与物种的空间运移起着重要作用。

起伏地形对降水分配的影响,主要是通过它对风向、风速的影响来实现的。对于孤立山岗,各坡地的水平面上降水量与风速的分布正好相反。小雨或下雪时,在风速较大的山岗和迎风的两侧,小雨滴被吹走,不易下降,只在风速较小的地方,雨滴才在重力作用下下降。所以在风速大的地段,水平面的降水少;风速小的地段,水平面降水多。而在中雨或大雨时,由于风向风速的影响,情况要复杂得多,但总的说来,迎风坡的降水量要比背风坡大。

③动植物的空间扩散。影响空间相互作用的机制还有动物和人的运动。而动物大都沿着自然地带、半自然地带如蓝色廊道(Blue Corridor,水系)、绿色廊道(Green Corridor)、河流、林地等移动。人类活动则主要局限于人为的道路系统中如乡间小路、公路、铁路、水路等。随着人类活动的加剧及空间扩张,自然地带越来越成为人类用地中的孤岛,生物多样性急剧丧失,通过规划来加强空间的生态连接性是保证区域生态安全的基本手段。加强区域内的生态连通性、维护生态安全机制是生态安全格局的重要目标。

(2)安全格局的构建。小城镇发展应保证其区域要素(人居类型)的完整性,使区域有较为齐全的、多样的生态环境类型。生态学的研究表明,维持区域内景观的多样性与异质性是维持区域生态系统稳定性的基本前提之一。城镇的向外扩展、人类的土地利用,或多或少的存在着单类型、简单化的趋向。为此,需要空间组合的生态研究,尽量保护利用已有的自然空间,形成自然空间网络体系,并与人为空间形成镶嵌性的空间组合结构,提高区域范围内的类型多样性,增加区域生态系统的稳定性,形成人居建设的区域生态安全格局。

第四节　小城镇生态规划的内容

一、小城镇生态规划概述

生态规划最早是由美国区域规划专家 Ian L. McHarg 提出的。他在他的划时代著名论著"Design with Nature（与自然和谐的规划设计）"中系统阐述了生态规划的思想，不仅得到学术界广泛认同，并且也在实践中得到广泛应用。

Ian L. McHarg 认为："生态规划是有利于利用全部或多数生态因子的有机集合，在没有任何有害或多数无害的条件下，确定最适合地区的土地利用规划。"

生态规划的基本目的是在区域规划的基础上，通过对某一区域生态环境和自然资源条件的全面调查、分析与评价，以环境容量和承载力为依据，把区域内生态建设、环境保护、自然资源的合理利用，以及区域社会经济发展与城乡规划建设有机结合起来，培育天蓝、水清、地绿、景美的生态景观。诱导整体、协同、自生、开放的生态文明，孵化经济高效、环境和谐、社会适用生态产业。确定社会、经济、环境协调发展的最佳生态位。建设人与自然和谐共处的殷实、健康、文明向上的生态区。建立自然资源可循环利用体系和低投入、高产业、低污染、高循环、高效运行的生产调控系统，最终实现区域经济效益、社会效益和生态效益的高度统一的可持续发展。

生态规划相关基础包括生态学相关基础内容、生态环境因素分析和评价及其决策方法，主要也是生态学在生态规划实践应用的相关基础。

二、生态学与生态意识

生态学可以定义为生命有机物与其环境的关系研究。因此，为了选择正确的方法，记住生态与其系统相关是非常重要的。我们所观察的任意一方面必须被视为是前后相关的，不能将其视为独立作用的。在一个系统里所有因素之间都存在相互依赖和相互作用的关系。

生态意识就是学会用生态系统来思考。一个人如果对自然环境的作用缺乏认识或了解，就不能成为一个好的规划师。就是说你必须学会在整体上进行思考，将世界或一个区域作为由非常相近的相互关系的成分组成的整体来认识（整体论的概念就是指所有的物理的和生物的实体形成一个单一的统一的、相互作用的系统。并且任何一个完整的系统都是一个比它的所有的组成成分的总和还要大的整体）。

编制规划的最初意义是非常基本的。作为技术指导的规划师和工程师倾向于直接思考，但只有那些可以精确计算的才考虑在内是不够用的，你必须学会以循环的系统的方式全面地思考问题。无论你的规划是在它的周围、或者是环境中嵌入了什么，环境和规划之间在许多方面都会产生相互影响。如果你想避开不可预测的事情，从一开始就要考虑到有哪些影响，影响第一是什么、第二是什么等等。那些不可预测的事情以附加代价的形式存在，有可用金钱衡量的，也有不可用金钱衡量的社会代价，如对环境的破坏。寻找适当范围内的解决方法是非常重要的，要记住没有完全一样的解决方法可以参考。每个规划中的问题必须考虑单独方法解决。不可能有那种在整个世界、国家、地区范围内完全一样解决的问题。

区域方面的规划要在生态规划部分进行更深入的讨论。这里也要分析工业发展和环境之间的关系，如果忽略了它们的关系就会导致所谓的生态危机。

规划师要掌握和分析那些关于自然和人类对自然改造的规律。

从无生命因素开始进行环境的分析：

（1）地理。

（2）地下水/水文学。

（3）土地。

（4）地表水。

（5）气候。

不要只关注简单的地理因素，而要集中于那些因素是怎样适应生态理论框架的。地理学对形态学有什么影响，气候对土地有哪些影响等。

分析以下生命环境因素：

（1）土壤有机物（分解体）。

（2）植物（生产者）。

（3）动物（消费者）。

三、生态规划思想理论

"城乡规划"是涉及多学科的一门综合学科，现在越来越热门的生态学是城乡规划涉及的重要学科之一。早些年城乡规划即使城市规划也只有环境保护规划，没有生态规划。现在城乡规划中，已开始越来越重视生态规划了。特别是强调生态规划的思想与理念应该贯穿和体现在包括小城镇规划的城乡规划的各项规划中，这已成为规划界的共识。

"生态学"可以定义为"生命有机物与其环境的关系研究"。生态研究离不开生态系统。生态系统是指"生命体和其周围的物理环境之间作为生态整体的相互作用的生态群落"。基于生态学理论基础的生态思想、理念，也即生态意识，就是强调用生态与生态系统思想来思考问题。前面已指出，生态意识在城乡规划中的重要性。城乡规划建设以科学发展观统领，包括城乡统筹与可持续发展都与生态规划思想密切相关。

生态意识强调以生态循环系统的方式全面思考问题。生态环境与城乡规划建设在许多方面尚会产生相互影响,城乡规划建设要考虑生态评价与生态环境目标预测,要考虑生态的安全格局,城乡规划中的空间管制,规划区域哪些范围适宜建设、可以建设,哪些范围不宜建设、不可建设都与用地生态适宜性评价直接相关。

城乡规划的产业布局如果忽略工业发展和环境之间的关系,用地开发超越生态资源承载能力,就会导致所谓的"生态危机"。特别是对于那些强调保护的生态濒危地区、生态敏感区更需在城乡规划、生态规划中深入研究。

四、小城镇生态规划特点

小城镇生态规划应是小城镇规划的重要组成部分,如前所述现在城乡规划中已越来越重视生态规划。小城镇生态规划有以下特点:

(一)与县域城镇体系、小城镇总体规划密切相关

生态规划一般都是在规划特定的区域范围研究"社会—经济—自然"复合生态系统。城乡规划中的生态规划,其规划特定的区域范围,包括城镇体系规划的规划区域范围和城镇总体规划的城镇规划区域范围都是与相应一级的城乡规划范围相一致的;另一方面,如前所述,生态规划的核心是对规划区域的社会、经济和生态环境复合系统进行结构改善和功能强化,以促进国民经济和社会的健康、持续、稳定与协调发展。这本身就要求生态规划思想贯穿整个城乡规划,同时与城镇体系规划、城镇总体规划的社会经济发展规划、空间布局规划紧密同向协调。可见小城镇规划中的生态规划与县域城镇体系、小城镇总体规划密切相关。

(二)小城镇对城镇系统之外的物流和能流的依赖较弱

与城市相比,小城镇特别是县城镇、中心镇外的一般小城镇生态系统对城镇系统之外的物流和能流的依赖明显较弱。

小城镇是"城之尾,乡之首",是城乡结合部的社会综合体。小城镇规模普遍较小,其生态环境的开放度明显高于城市,自然性的一面更强。小城镇特别是县城镇、中心镇外的一般小城镇、非城镇密集地区小城镇上述依赖明显较弱。同时,就其小城镇而言的一般上述依赖性,县城镇、中心镇高于一般小城镇;城镇密集地区小城镇高于分散独立分布的小城镇。

(三)小城镇生态规划更加滞后,基础更为薄弱

我国长期以来小城镇规划未能像城市规划那样引起社会普遍重视,小城镇规划滞后,基础薄弱,而小城镇生态规划更加缺乏与滞后,基础更为薄弱。

(四)小城镇生态系统和生态规划问题

因城市生态环境问题和产业结构而转移出来的劳动密集型、环境污染严重的工业、企业项目向小城镇集中是小城镇生态系统和生态规划不容忽视、必须高度重视、切实解决的一个重要问题。

一些小城镇只重视经济建设,忽视生态环境问题,各自为政、盲目、无原则接纳环境污染严重的工业项目、企业;另一方面,污染防治基础设施建设又严重不足,造成小城镇大气、水资源污染严重,取得的经济价值远不能抵消长远的生态环境负面影响。

五、生态规划的主要内容

不同学科的生态规划有不同的规划内容和规划侧重点。例

如,园林规划中的生态规划与城乡规划中的生态规划内容就有很大不同。园林规划中的生态规划侧重植物、绿化方面的生态规划内容,而城乡规划中的生态规划内容则是侧重于与城乡规划区域社会经济、用地布局、生态保护紧密相关的生态资源、生态质量、生态功能、安全格局、生态建设等规划内容。

小城镇规划中的生态规划主要规划内容包括:

(1)小城镇规划区生态环境分析。

(2)小城镇规划区生态环境评价。

(3)小城镇规划区远期生态质量预测。

(4)小城镇规划区生态功能区划分。

(5)小城镇生态安全格局与生态保护。

(6)小城镇生态建设。

六、生态规划的基本原则

(一)与总体规划相协调原则

如前所述,小城镇生态环境与小城镇规划建设在许多方面会相互影响,小城镇总体规划中的空间管制,规划区哪些范围适宜建设、可以建设,哪些范围不宜建设、不可建设与用地生态适宜性评价直接相关,生态规划应与总体规划相协调,总体规划要强调和贯穿生态规划的思想与理念。

(二)整体优化原则

生态规划以区域生态环境、社会、经济的整体最佳效益为目标。生态规划的思想与理念应该贯穿和体现在小城镇规划的各项规划中,各项规划都要考虑生态环境影响和综合效益。

(三)生态平衡原则

生态规划应遵循生态平衡原则,重视人口、资源、环境等各要素的综合平衡,优化产业结构与布局,合理划分生态功能区划,构建可持续发展区域性生态系统。

(四)保护多样性原则

生物多样性保护是生态规划的基本原则之一。

生态系统中的物种、群落、生境和人类文化的多样性影响区域的结构、功能及它的可持续发展。生态规划应避免一切可以避免的对自然系统的破坏,特别是自然保护区和特殊生态环境条件(如干、湿以及贫营养等生态环境)的保护,同时还应保护人类文化的多样性,保存历史文脉的延续性。

(五)区域分异原则

区域分异也是生态规划的基本原则之一。在充分研究区域和小城镇生态要素的功能现状、问题及发展趋势的基础上,综合考虑区域规划、小城镇总体规划的要求以及小城镇规划区现状,充分利用环境容量,划分生态功能分区,实现社会、经济、生态效益的高度统一。

(六)生态系统潜力原则

以环境容量、自然资源承载力和生态适宜性以及生态安全度和生态可持续性为规划依据,充分发挥生态系统潜力的原则。

1. 城镇生态环境容量

城镇生态环境容量可定义为在不损害生态系统条件下,城镇地域单位面积上所能承受的资源最大消耗率和废物最大排放量。

城镇生态环境容量涉及土地、大气空间、水域和各种资源、能源等诸多因素。

2. 城镇环境容量

城镇环境容量可定义为在不损害生态系统条件下,城镇地域单位面积上所能承受的污染物排放量。

3. 城镇资源承载力

城镇资源承载力是城镇地区的土地、水等各种资源所能承载人类活动作用的阈值,也即承载人类活动作用的负荷能力。

4. 城镇环境承载力

城镇环境承载力是城镇一定时空条件下环境所能承受人类活动作用的阈值大小。

5. 城镇土地利用的生态适宜性

指城镇规划用地的生态适宜性,也即从保护和加强生态环境系统对土地使用进行评价的用地适宜性。

6. 城镇土地利用的生态合理性

指从减少土地开发利用与生态系统冲突考虑和分析的城镇土地利用的合理性。

城镇土地利用的生态合理性可基于城镇土地利用的生态适宜性评价,对城镇的土地利用现状和规划布局进行冲突分析,确定城镇的土地利用现状和规划布局是否具有生态合理性。

7. 城镇生态安全度

城镇生态安全度是人类在生产、生活和健康等方面不受城镇生态结构破坏或功能损害,以及环境污染等影响的保障程度。

8. 城镇生态可持续性

指保护和加强城镇环境系统的生产和更新能力。

城镇生态可持续性强调城镇自然资源及其开发利用程序间的平衡以及不超越环境系统更新能力的发展。

以环境容量、自然资源承载力、生态适宜度、生态安全度和生态可持续性为依据,有利生态功能合理分区、改善城镇生态环境,寻求最佳的城镇生态位,促进城镇生态建设和生态系统的良性循环,保持人与自然、人与环境的可持续发展和协调共生。

(七)以人为本、生态优先、可持续发展原则

以人为本、生态优先、可持续发展原则是小城镇生态规划的基本原则之一。这一原则要求按生态学和社会经济学原理,确立优化生态环境的可持续发展的资源观念,改变粗放的经济发展模式,并按与生态协同的小城镇发展目标和发展途径,建设生态化小城镇。

七、规划编制基本程序

小城镇生态规划编制一般按以下步骤进行:

(1)提出和明确任务要求。政府规划行政主管部门作为规划编制组织单位,委托具有相应资质的单位编制小城镇生态环境规划,并提出规划的具体要求,包括规划范围、期限重点,规划编制承担单位明确任务要求,并按下述的步骤进行规划编制。

(2)调研与资料收集。除收集和调查分析小城镇总体规划所需资料外,着重收集生态相关的自然状况资料和农、林、水等行业发展规划有关资料。重点调查相关的自然保护区、环境污染和生态破坏严重地区、生态敏感地区。

(3)编制规划纲要或方案。

(4)规划纲要专家论证或方案论证(由规划编制组织单位组织,相关部门与专家参与)。

(5)在纲要或方案论证基础上补充调研和规划方案优化编制。

(6)成果编制与完善。包括中间成果与最后成果的编制与完善,其间也包括成果论证和补充调研等中间环节。

(7)规划行政主管部门验收规划编制单位上报成果(包括文本、说明书、图纸),并按城乡规划编制的相关法规,组织规划审批及实施。

第二章 小城镇生态规划布局

近年来小城镇生态规划工作面临新形势,将小城镇规划好、建设好、管理好,是当下应该重点研究的内容,本章主要就小城镇的生态规划布局进行研究。

第一节 小城镇体系规划

城镇体系规划是一定地域范围内,以区域生产力合理布局和城镇职能分工为依据,确定不同人口规模等级和职能分工的城镇的分布和发展规划。

根据建设部颁布的《城市规划编制办法》,在城市总体规划纲要阶段,应原则确定市(县)域城镇体系的结构和布局。市域和县域城镇体系规划的内容包括:分析区域发展条件和制约因素,提出区域城镇发展战略,确定资源开发、产业配置和保护生态环境、历史文化遗产的综合目标;预测区域城镇化水平,调整现有城镇体系的规模结构、职能分工和空间布局,确定重点发展的城镇;原则确定区域交通、通信、能源、供水、排水、防洪等设施的布局;提出实施规划的措施和有关技术经济政策的建议。

城市规划(Urban Planning)研究城市的未来发展、城市的合理布局和综合安排城市各项工程建设的综合部署,是一定时期内城市发展的蓝图,是城市管理的重要组成部分,是城市建设和管理的依据,也是城市规划、城市建设、城市运行三个阶段管理的龙头。要建设好城市,必须有一个统一的、科学的城市规划,并严格按照规划来进行建设。城市规划是一项政策性、科学性、区域性和综合性很强的工作。它要预见并合理地确定城市的发展方向、规模和布局,作好环境预测和评价,协调各方面在发展中的关系,统筹安排各项建设,使整个城市的建设和发展,达到技术先进、经济合理、"骨、肉"协调、环境优美的综合效果,为城市人民的居住、劳动、学习、交通、休息以及各种社会活动创造良好条件。城市规划又叫都市计划或都市规划,是指对城市的空间和实体发展进行的预先考虑。其对象偏重于城市的物质形态部分,涉及城市中产业的区域布局、建筑物的区域布局、道路及运输设施的设置、城市工程的安排等。中国古代城市规划组成的基础是古代哲学,糅合了儒、道、法等各家思想,最鲜明的一点是讲求天人合一,道法自然。城市是人类社会经济文化发展到一定阶段的产物。城市的起源原因和时间及其作用,学术界尚无定论。一般认为,城市的出现以社会生产力除能满足人们基本生存需要外,尚有剩余产品为其基本条件。城市是一定地域范围内的社会政治经济文化的中心。城市的形成是人类文明史上的一个飞跃。城市的发展是人类居住环境不断演变的过程,也是人类自觉和不自觉地对居住环境进行规划安排的过程。在中国陕西省临潼县城北的新石器时代聚落姜寨遗址,我们的先人就在村寨选址、土地利用、建筑布局和朝向安排、公共空间的开辟以及防御设施的营建等方面运用原始的技术条件,巧妙经营,建成了适合于当时社会结构的居住环境。可以认为,这是居住环境规划的萌芽。

小城镇体系规划应该贯彻可持续发展战略,坚持环境与发展综合决策,解决小城镇建设与发展中的生态环境问题。坚持以人为本,以创造良好的人居环境为中心,加强小城镇生态环境综合整治,改善小城镇生态环境质量,实现经济发展与环境保护"双赢"。

小城镇生态环境规划包括小城镇生态规划与环境规划。小城镇生态规划是依据规划期小城镇经济和社会发展目标,以小城镇环境和资源为条件,确定小城镇生态建设的方向、规模、方式和重点的规划。小城镇环境规划是以依据规划期小城镇环境保护为目标,以小城镇环境容量、环境承载力为条件,确定小城镇大气、水、土壤、噪声和固体废物、环境保护要求和环境整治措施的规划。

小城镇生态环境规划是小城镇生态建设和环境保护及其管理的基本依据,是保证合理的生态建设和资源合理开发利用以及制造良好人居环境的前提和基础,是实现小城镇可持续发展的重要保证。

以前我国城乡规划只重视环境保护规划,现在开始重视生态规划,但尚属起步阶段。应该说生态规划及其研究基础都还相当薄弱,加强这方面的研究是城乡规划领域面临的重要任务之一。

小城镇环境规划主要内容包括以下几方面:

(1)环境现状分析与环境评价主要是环境污染源评价与环境质量评价。

(2)环境预测与规划目标。

(3)环境功能区划。

(4)大气环境综合规划。

(5)水环境综合规划。

(6)噪声环境综合治理规划。

(7)固体废物污染综合治理规划。

规划原则:

(1)以生态环境理论和经济规律为依据,正确处理经济建设与环境保护之间的辩证关系的原则。

(2)以经济社会发展战略思想为指导,从小城镇区域环境实际状况和经济技术水平出发,确定合适目标要求,合理开发利用资源,正确处理经济发展同人口、资源、环境的关系,合理确定产业结构和发展规模的原则。

(3)坚持污染防治与生态环境保护并重、生态环境保护与生态环境建设并举。预防为主、保护优先,统一规划、同步实施,努力实现城乡环境保护一体化的原则。

（4）加强环境保护意识和考虑区域、流域及地区的环境保护，杜绝源头污染的原则。

（5）坚持将城镇传统风貌与城镇现代化建设相结合，自然景观与历史文化名胜古迹保护相结合，科学地进行生态保护与建设的原则。

第二节　小城镇性质与规模

小城镇是农村系统向城市系统演化过程中的一个阶段，与城市系统相比在规模、结构与功能等方面都要简单得多，生态方面比城市也更接近于自然状态。因而在城镇生态环境建设规划中要结合城镇的特点加强资源、环境和生态的规划与管理。通过合理的规划布局和规划产业结构的调整，改善资源的利用情况，控制小城镇发展对生态环境干扰的强度，增强和完善环保设施及绿化状况，防治环境污染。

一、性质

小城镇的性质是指小城镇在地区政治、经济、社会和文化生活中所处的地位与作用及担负的主要职能，即小城镇的个性、特点和发展方向。

（一）区域地理

小城镇所在地区的地理和自然条件，对小城镇的形成和发展有着重要的影响。因此在确定小城镇性质时必须了解区域的地形、地貌、水文、地质、气象及地震等自然条件，了解地理环境的容量、交通运输现状和发展方向，以及城镇网络的分布及发展趋向等。这对小城镇发展用地的选择、工业企业的设置、布局起着决定性的作用。

（二）资源

资源是小城镇发展的基础，它不仅局限于小城镇本身，区域的资源也是重要的方面。因此须通过对小城镇所在区域的各项资源进行全面分析和评价，并与国内相关地区作对比，搞清小城镇发展在资源供应方面的有利条件与限制因素，这对确定区域与小城镇的发展方向和发展重点有重要意义。

资源的概念极其广泛，广义的资源包括：矿藏、土地、水、气候、生物等自然资源，劳动力、物质生产技术基础和生活福利设施等社会资源以及自然风光与人文要素相结合的旅游资源等多方面内容。狭义的资源主要指：

（1）矿藏资源。指已探明的各种矿藏种类、储量、分布情况、开采条件、利用前景等。

（2）人力资源。指劳动力资源，包括镇域范围内农村劳动力数量及其转化为小城镇人口的情况和前景，小城镇人口就业状况及其科技、文化水平等。

（3）风景旅游资源。指人文和自然景观。自然景观指山川、林木、洞穴等自然形成的风景。人文景观指由于人的活动而形成的历史古迹、遗迹及宗教活动胜地等。

（4）能源资源。指小城镇能源的供应来源、储存及发展所需要的能源。主要包括电力、煤炭和天然气等。

（5）水资源。指地表水资源和地下水资源，包括水量、水质、水温及发展所需要的水资源等情况。

（三）国民经济发展计划与国家的方针政策

国民经济发展计划与国家的方针政策直接影响到小城镇工业、交通运输、文教科研事业的发展规模和速度。计划建设的重大项目往往可以决定一个小城镇的性质，因此要对国民经济发展计划与国家的方针政策进行了解。

二、性质的分析方法

首先,充分考虑区域条件对小城镇发展的影响。任何一个小城镇都是处在一定的区域之中的,区域条件对小城镇的发展方向和性质有着根本性的影响,因此确定小城镇的性质绝不可以仅仅考虑小城镇自身的条件,而首先应该考虑小城镇所处的区域条件。要从全局出发,以区域规划为依据,展开全面的区域调查与研究,明确小城镇发展的有利条件与不利因素,因地制宜地确定小城镇的发展方向。

其次,综合运用定性与定量相结合的分析方法,对小城镇本身进行考察。确定小城镇性质时,要综合分析小城镇发展的主导因素及其特点,明确它的基本部门及其主要职能。一般而言,新建或新兴小城镇的性质确定比较容易,而现有小城镇的性质确定则相对比较困难,因为这些小城镇都有一定的发展历史,而且多数是在自发的状况下发展起来的,形成了多种功能,这就需要采取科学的分析、比较和论证的手段,对错综复杂的小城镇功能加以区别,明确主要功能。通常采用"定性分析"与"定量分析"相结合,以"定性分析"为主的方法。

(1)定性分析,就是全面分析小城镇在地区政治、经济、文化生活中的地位和作用,探寻促使小城镇形成和发展的基本因素,从而确定小城镇的主要功能。多数小城镇是通过分析其在地区内的经济优势、资源条件、农业生产水平、发展特点、工业发展要求、在小城镇网络中的地位和作用等来确定小城镇的主导工业或主要功能的。

(2)定量分析,就是在定性分析的基础上对小城镇的职能,特别是经济职能作进一步的定量分析,采用一定的技术指标,从数量上论证主导的功能或生产部门。定量分析中通常采用的技术指标有各类产业或各个生产部门的产量、产值、职工人数、用地等,通过不同产业或部门之间上述指标的相互比较,计算分析它们在小城镇经济职能中所占的比重。一般情况下,当某项指标超过总量的 20%～30% 时,可确定其为主导部门。

技术指标的选择应视小城镇的实际情况而定。对以加工工业为主的小城镇,部门产值结构指标基本上可以反映小城镇的主要特点;对某些矿业小城镇,采用部门就业结构指标可能比产值结构指标更能反映小城镇的主要职能;对一些旅游小城镇或运输枢纽小城镇,则往往还需要以用地结构指标作补充,才能反映其真实特征。因此,在进行某些功能比较复杂的小城镇性质的定量分析时,应将上述技术指标综合运用。

三、规模

小城镇规模包括两部分内容,即人口规模和用地规模。由于用地规模随人口规模的变化而变化,所以小城镇规模可以以人口规模来表示。小城镇规模的估算与预测是小城镇总体规划的首要工作之一,就小城镇本身而言,各类用地的内容、数量、规模等无不与小城镇人口的数量与构成有着密切的关系。如果人口规模估计得过大,用地必然过多,相应的设施标准也过高,会造成长期的运行不合理和不经济;如果人口规模估计得过小,用地必然过少,相应的设施标准也过低,不能适应小城镇发展的要求,成为小城镇发展的阻碍。因此,一般在小城镇总体规划纲要阶段或总体规划编制前,应对小城镇人口规模和用地规模进行合理估算。

(一)人口规模

从城镇规划的角度来看,小城镇人口应是指那些与小城镇功能活动有着密切关系的人口,他们居住生活在小城镇的范围内,既是小城镇各项设施的使用者,同时也是小城镇服务的对象和小城镇的主人。

小城镇镇区人口不仅指镇区范围内常住非农业人口,而且包括镇区范围内常住的农业人口,镇区范围内企事业单位聘用的农民合同工、长年临时工,经工商管理部门批准登记、在镇区有固定经营场所的第二、第三产业经营人员,镇区学校的住宿学生以及部队等单位人员(他们虽不拥有镇区的常住户口,但常年居住在镇区,同样使用着镇区的各项基础设施)。除常住人口外,小城镇还有大量的流动人口和通勤人口(又称摆动人口),如表2-1所示。正是由于亦工亦农的特点,小城镇的流动人口和通勤人口不仅数量大,而且随时间、季节以及经济、社会等条件的变化而呈较大幅度的波动。这部分人口占有小城镇人口的相当比重,且有不断加大的趋势,它们直接影响到小城镇的交通、商业、服务行业,甚至影响到居住等设施的规模与布置。因此编制小城镇总体规划时,应根据小城镇人口组成的实际情况,对人口现状和未来进行深入调查、认真分析和分类预测。

表2-1 小城镇人口组成

人口类别		统计范围	预测计算
常住人口	户籍人口	户籍在镇区规划用地范围内的人口	按自然增长和机械增长计算
	常住人口	居住半年以上的外来人口,寄宿在规划用地范围内的学生	按机械增长计算
通勤人口		劳动、学习在镇区范围,住在范围外的职工、学生等	按机械增长计算
流动人口		出差、探亲、旅游、赶集等临时参与镇区活动的人员	根据调查进行估算

小城镇为外地服务的厂矿、企业、机关、学校等是小城镇的经济基础,为小城镇本身服务的职工所取得的收入,实质上是小城镇的基本人口在为外地服务中所取得的收入再分配的结果,即从这些企业的利润和职工的收入中,通过税收和镇内的各种服务,将其一部分转给了小城镇的服务人口。因此,在具体判断某个行业或某个职业的职工属于哪类人口时,要以其收入的属性(来源)为最终的判断依据。

流动人口是指在本城镇无固定户口的人员。流动人口一般分为常住流动人口和临时流动人口两类。前者大多指临时工、季节工以及长期借调人员等。而后者一般指开会、出差、参观学习或路过而作短时间停留的人员。

随着我国社会主义市场经济的发展和开放程度的逐步提高，地方经济的不均衡导致大量的流动人口出现。这一部分人口虽然不具备工作地点所在小城镇的固定户口，但他们和本地的常住人口一样使用着本地的基础设施。因此，准确调查这一部分人口，对于小城镇总体规划的正确制定以及各项基础设施的准确配置与布置都有十分重要的意义。

性别构成反映的是男女人口之间的数量和比例关系。一般说来，小城镇人口中男性多于女性，这是因为部分男职工的家属居住在农村。在矿区小城镇，男职工占职工总数的大部分；而在纺织或其他轻工业小城镇，女职工可能占职工总数的大部分。性别构成直接影响着小城镇人口的结婚率、育龄妇女生育率和就业结构，在城镇规划工作中必须考虑男女性别比例的基本平衡，这对实现小城镇整体的性别平衡有着重要意义。

(二)用地规模

小城镇用地是指用于小城镇建设，满足小城镇功能需要的土地，它既指已经建设利用的土地，也包括已列入城镇规划区范围但尚待开发建设的土地。小城镇中已经建设利用的土地又称建成区，它指各种建筑物、构筑物和基础设施集中连片的地区，往往是一个闭合的完整系统。

小城镇用地条件评定是小城镇规划的重要工作内容之一。它的工作内容是在调查分析小城镇基础资料的基础上，对可能成为小城镇发展建设用地的地区进行科学的分析评定，对用地在工程技术与经济性方面进行综合质量评价，确定用地的适用程度，为选择小城镇用地和编制规划方案提供依据。

用地条件评价包括多方面的内容，主要体现在用地的自然环境条件、建设条件等方面,对这些条件的分析与评价不能孤立进行,必须以全面、系统的思想和方法综合做出。

世界上绝大多数的土地都有明确的隶属,也就是说,一般情况下土地必然依附于一定的、拥有地权的社会权力。小城镇土地的集约利用和社会权力的控制与调节,无论在土地私有制还是公有制的条件下,都明显地反映出其强烈的社会属性。

小城镇用地是人类活动的物质载体,这是小城镇用地区别于非城镇用地的本质属性。开发小城镇用地是为了获得生存所需要的集约空间,满足各种城镇活动的空间需求。因此小城镇用地的经济属性主要不是表现在土壤的肥沃贫瘠上,而是更多地表现在它的特定区位条件以及土地产生并发挥其经济潜力和经济效益的能力上。

在商品经济条件下,土地是一项资产,由于它具有不可移动的自然属性和可以产生经济效益的价值属性,其土地地权的社会隶属需要通过一定的交换形式和相应法律程序得到法律的确认和支持,因而土地具有法律属性。

小城镇用地规模是指规划期末小城镇建设用地范围的大小。估算小城镇用地规模的目的主要是为了进行小城镇用地选择时,能大致确定规划期末需要的用地面积,为规划设计提供依据,并为测量时确定测区的范围服务。

第三节　小城镇用地功能组织与总体布局形态

随着社会经济迅速发展和人口的增加,城镇化的速度也在不断加快,小城镇的生态环境问题日益突出,主要表现在基础设施建设相对滞后,总体环境质量差,原生环境遭到严重侵害,市政设施的不完善与水环境污染,面临大城市环境污染转嫁的危险及环境监测和管理工作落后等方面。居住环境的不断破坏,不仅造成区域环境质量的降低,而且加速了自然灾害发生的频率与危害强度,对小城镇经济和社会产生严重制约作用。资源不合理开发利用是造成生态环境恶化的主要原因。一些地区环境保护意识不强,重开发轻保护,重建设轻维护,对资源采取掠夺式、粗放型开发利用方式,超过了生态环境的承载能力;一些部门和单位监管薄弱,执法不严,管理不力,致使许多生态环境保护和建设的投入不足,也是造成生态环境恶化的重要原因。切实解决自然资源的合理利用和生态环境保护的矛盾与问题,是我们面临的一项长期而艰巨的任务。

一、小城镇用地功能组织

(一)基本原则

1. 全面安排各类功能用地,重点协调主要功能用地

小城镇作为一个经济与社会的综合体,在进行用地功能组织时,一定要作为一个统一的整体来把握。既要统筹考虑各类用地的布置,又要有重点地安排好主要功能用地,协调好二者的关系。

2. 合理安排各功能用地间的交通联系,防止功能用地混杂和穿插

各类用地功能混杂是小城镇规划的大忌,用地功能组织应力求做到用地布局集中紧凑,妥善安排好各功能用地之间的道路联系,避免用地功能的穿插和混杂等问题发生。

3. 充分利用小城镇自身的优势

在对小城镇进行用地功能组织时应注意把本城镇的优势(包括自然的、历史的等)组织到小城镇中来,力争为居民创造一个舒适、优美、有文化韵味和富有地方特色的生活环境。

4. 阶段配合协调，留有发展余地

小城镇用地功能组织应遵从延续发展的规律，做到在各个发展阶段都能互相衔接，配合协调。合理的远景规划反映小城镇发展规律的必然趋势，又可以为近期建设指明方向。因此，必须重视远期规划的重要性及其对近期建设的指导作用，采取由远及近的建设策略，既要加强各个阶段小城镇建设的完整性，又要保证小城镇远期建设目标的平稳实现。

5. 正确处理利用和改造的关系，兼顾新旧区的发展需要

当前我国小城镇的经济实力尚不雄厚，小城镇的用地组织必须充分利用现有的生活服务设施和市政设施，将旧镇区的用地及早纳入总体规划并与新区建设统一考虑，全面安排，使合理的规划布局在旧区不断改造和新区不断建设的过程中逐渐显现出来。

(二)各类功能用地布置的基本要求

小城镇工业用地布局不仅应考虑工业用地的自身要求，满足工业发展的需要，同时还应考虑与小城镇各项用地的关系，有利于小城镇各项功能的运转。

1. 工业用地自身的要求

工业生产自身的特点，决定了工业用地必须具备良好的用地条件。在面积和地形方面，应以满足生产工艺流程为基本要求，一般应保证足够的面积和平整的地势，场地坡度在 $0.5\% \sim 2\%$ 为宜。在工程地质和水文地质方面，工业用地应避开 7 级及以上震区，避开不良地质地段，选择有较高的地基承载力，地下水位低于厂房基础，并能满足地下工程要求的地段。在防洪方面，工业用地应避开洪水淹没区、雨水积涝区和大型水库下游地区，用地标高应高出当地最高洪水位 0.5m 以上，大中型企业采用最高洪水频率为一百年一遇，小型企业采用五十年一遇。在供水供电方

面,工业用地应靠近水质和水量都能满足生产需要的水源,并注意处理好与农业用水、生活用水的关系。

大量设备、原材料与产品的运输费用一直在工业生产中占据相当大的比重,合理、便捷的交通运输条件对于工业来说相当重要。因此,应根据工业企业的运输要求和当地的交通运输条件,按各种运输方式的不同将其布置在具有相应运输条件的地段。

除以上一般条件外,有些工业对气压、湿度、空气含尘量、防磁、防电磁波等有特殊要求,如精密仪器、电子等企业。有些工业对地基、土壤、防爆、防火等有特殊要求,如大型机械、化工等企业,用地布置均应予以满足。此外,文物古迹埋藏地区、有开采价值的矿物蕴藏区、矿物采掘区、生态保护与风景旅游区、埋有复杂地下设备的地区,以及重要的战略目标地区等,应避免布置工业用地。

2. 小城镇对工业用地布置的要求

除了工业用地自身的技术要求之外,还应该从小城镇整体层面上对工业用地的布置进行总体考虑。

避免和防止工业对小城镇环境污染的根本办法,是在小城镇建设的同时,加强对环境有污染的工业的污染治理,减少工业污染对小城镇环境的影响。

3. 交通用地布置的基本要求

我国目前大多数小城镇基本上都是沿着公路两边逐渐形成和发展起来的,如图2-1所示。在旧的小城镇中,公路与小城镇道路并不分设,也没有明确的功能分工,它们既是小城镇的对外交通道路,又是小城镇内部的主要道路。

公路运输是小城镇非常重要而又最普遍的一种对外交通运输方式。

公路交通的布置与小城镇的关系无非有两种:一种是公路穿越镇区,另一种是公路绕过镇区。具体采用哪种布置方式,要综合考虑公路等级、小城镇性质和规模等因素。

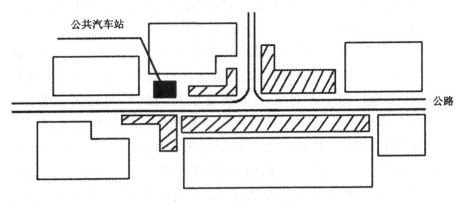

图 2-1 公路穿越小城镇

注:引自《城镇规划原理与设计》(裴杭,1992)。

合理安排客运部分与货运部分,在尽量减少对外交通运输对小城镇卫生、交通等方面产生干扰的同时,应尽量使客运部分与镇区靠近,而使货运部分与工业区、仓储区等接近。

保证小城镇与对外交通的密切配合,共同发展。在总体布局上,应做到小城镇与各种对外交通运输方式都具备一定的发展可能性,互不干扰。

充分考虑各项交通设施的技术经济要求和技术运营特点、货流条件,以便能综合利用它们的设施,使各类对外交通运输能相互协作、相互补充,发挥出最大的效能。

公路绕过镇区这种布置方式可以有效避免过境交通与镇区互相干扰,具体布置方式又分为三种:

(1)公路切线通过镇区。当过境交通在小城镇边缘通过时,将小城镇的对外交通站场设置在镇区入口处。这样不但保证了小城镇接近交通干线,而且避免了二者的相互干扰,如图 2-2 所示。

(2)公路与镇区分离。过境公路远离镇区布置,入城交通由入城道路引入,由于这种布置方式对小城镇经济发展不利,所以一般只有在公路等级较高或者过境公路实在无法接近镇区时才布置,如图 2-3 所示。

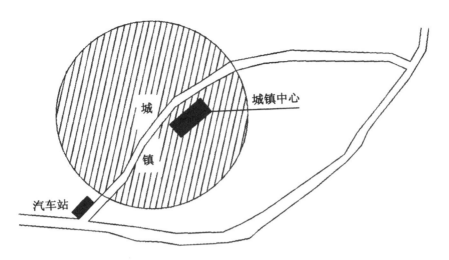

图 2-2 公路切线通过小城镇

注:引自《城镇规划原理与设计》(裴杭,1992)。

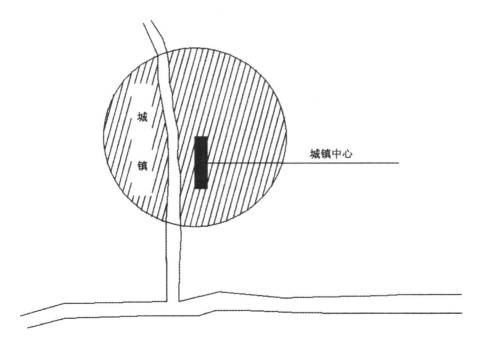

图 2-3 小城镇与公路分离

注:引自《小城镇总体规划》(王雨村,杨新海,2002)。

（3）公路环绕镇区。这种布置形式可以减少对小城镇的影响，并且有利于小城镇周边的工业区之间互相联系，但是随着小城镇规模的进一步扩大，可能又出现包围过境公路而又互相干扰的现象，如图 2-4 所示。

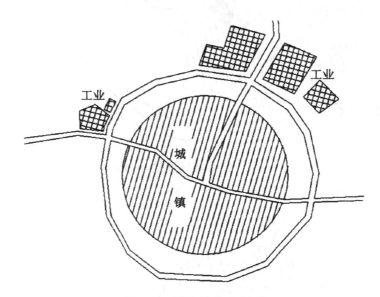

图 2-4　公路环绕小城镇

注：引自《小城镇总体规划》（王雨村，杨新海，2002）。

4. 仓储用地布置的基本要求

仓储用地应布置在地势较高，地形较平坦，有较好的地基承载力，有一定排水坡度的地方。

仓库用地必须具备方便的交通运输条件，最好能接近货源和供应服务地区，以便为生产、生活服务。

仓储用地的布置应注意小城镇环境保护，防止产生污染，确保小城镇安全。

5. 居住用地布置的基本要求

居住用地应选择在工程地质和水文地质条件优越,地势较高,自然通风较好的地段。避免洪水、地震、滑坡等不良条件的危害,以节约工程准备和建设的投资。尽量少占或不占良田,在可能的条件下,最好接近水面和环境优美的地区,并布置在大气污染源的上风或侧风位以及水污染源的上游,与畜牧业用地、易燃易爆的生产建筑和仓储设施的距离要符合有关规定。

居住区与工业用地的关系,应该综合考虑环境、工业区的性质等因素。既应该与有污染物产生的工业保持一定的距离,又应该在保证卫生、安全的条件下,尽量接近工业区以减少城镇居民上下班的时耗,提高小城镇的运行效率。

居住用地面积大小应符合规划用地所需,用地形态应该集中而完整,以利于集中紧凑布置,节约公用工程管线的费用。

小城镇居住用地的布局应尽量利用小城镇现有设施,与小城镇现有功能结构协调配合。同时小城镇居住用地应留有必要的发展余地,使小城镇的规划与建设具有一定的主动性。

当小城镇规模不大,有足够的用地,且在用地范围内无自然或人为的障碍时,常常采取集中布置。这种布置可以大量节约市政建设的投资,方便小城镇各部分在空间上的联系,如图 2-5 所示。

当小城镇用地受自然条件限制或因工业和交通设施的分布,以及农业良田的保护等需要时,需采用分散布置的方式,如图 2-6 所示。居住用地的分散布置能较好地适应山地与丘陵地区的地貌特征,便于结合地形,有利于工业用地与居住用地成团布置,使大多数居民上下班的距离缩短,减少交通时耗。但应注意在可能条件下,几块分散布置的居住建筑用地不要离得太远,否则会给为全镇服务的大型公共建筑和基础设施的布置造成困难,使得居民生活不便。

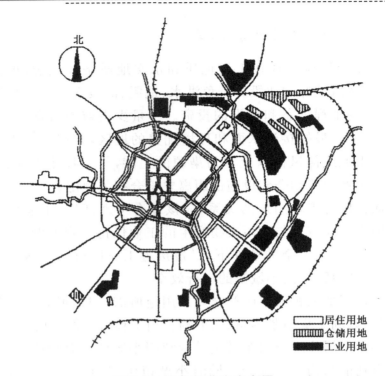

图 2-5　居住用地集中布置

注：引自《城镇规划与管理》（王宁，2002）。

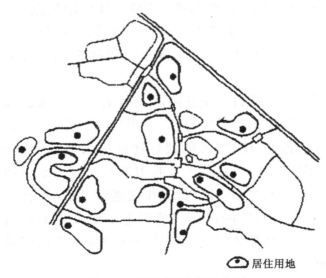

图 2-6　居住用地分散布置

注：引自《城镇规划与管理》（王宁，2002）。

6. 公共建筑用地布置的基本要求

小城镇公共建筑的布置必须要满足"规范"对服务半径的要求。服务半径的确定是从居民对设施使用的要求以及公共建筑经营管理的经济性和合理性出发的。某项公共建筑服务半径的大小,将随它们的使用频率、服务对象、地形条件、交通的便利程度以及人口密度的高低而变化。

公共建筑种类繁多,并且建筑的形体和立面设计也多种多样。因此,公共建筑和其他建筑的布置应该力求达到相互协调,创造出具有地方风貌的小城镇景观。

二、总体布局形态

小城镇布局形态是指小城镇功能的空间组织在地域上的投影,是由小城镇的结构(要素的空间布置)、形状(小城镇外部的空间轮廓)和相互关系(要素之间的相互作用与组织)所决定的一个空间系统。小城镇形态是一种表象,它反映了小城镇发展变化的空间形式特征。小城镇形态是一种复杂的经济、社会、文化现象和过程,它在特定的地理环境和社会经济发展背景中形成,是人类活动与自然环境因素相互作用的结果。

(一)影响小城镇总体布局形态的主要因素

在相当长的一段时期内,自然环境条件,包括地形、地貌、水文、地质、资源等直接决定了小城镇的布局结构与形态,虽然随着生产力水平的提高,自然环境条件的作用不那么明显了,但对小城镇布局形态的影响仍然起着相当重要的作用。

经济因素是对小城镇布局形态影响最为深刻的因素,它是小城镇形成发展的物质基础。大多数小城镇是在原来以农业生产为主的"村"的基础上,随着手工业生产的发展,特别是商品交易功能的出现而形成的。

虽然自然环境条件和经济发展因素常常决定了小城镇的布局形态,满足了人们的物质需求,但同时人们也不可能游离于社会之外,他们必然受到思想观念、政治制度、宗教信仰、法律道德、伦理情操、血缘关系、生活习俗等许多非物质因素的影响。小城镇的空间布局一方面必须适应人们的物质功能需要,另一方面也要满足人们精神和心灵上的需求。

由于自然、经济与交通等原因而使小城镇在土地利用上产生经济效益差异,这便是区位因素,它是小城镇空间形态产生变化的重要制约因素。

交通因素对小城镇形态的影响主要体现在两个方面:一方面是交通方式和交通组织,另一方面是随着交通联系的重要程度不断增加,小城镇用地形态具有沿主要交通线轴向、带形发展的特征。

新中国成立以来,我国小城镇发展中的每一个重大变化无不与政府有关政策的调整相关,政府的政策一直是影响着小城镇发展的重要因素,它直接影响小城镇的布局形态。

(二)小城镇总体布局形态类型

集中团状是小城镇比较常见的形态,用地紧凑,是一种既经济又高效的布局形态。要注意的是,为防止有污染物产生的工厂在内部混杂、过境交通穿越镇区、发展过程中工业与居住区的层层包围,团状小城镇在总体布局时,应按用地功能合理分区并有机组合,同时控制好人口规模与用地范围(图 2-7)。

带状布局的小城镇形态往往因自然地形限制或由于交通条件的吸引而形成。这种形式的小城镇要加强纵向道路联系,至少要有两条贯穿城区的纵向道路,并把过境交通引向外围,适当加强横向拓展。用地组织方面,应尽量按照生产生活相结合的原则,将纵向狭长用地分为若干片,建立一定规模的综合片区,配置片区生活中心,如图 2-8 所示。

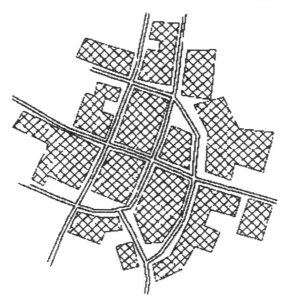

图 2-7 集中团状

注:引自《小城镇总体规划》(王雨村,杨新海,2002)。

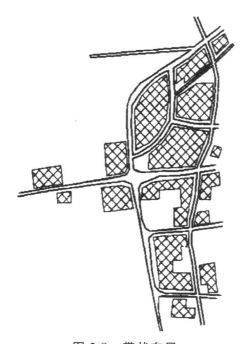

图 2-8 带状布局

注:引自《小城镇总体规划》(王雨村,杨新海,2002)。

星状放射式是平面呈放射形状,紧凑度介于团状和带状之间,具有较强的向心性和开放性。这类小城镇往往是沿多条交通走廊发展的结果,如图 2-9 所示。

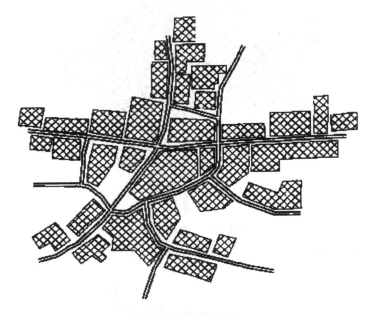

图 2-9　星状形态

注:引自《小城镇总体规划》(王雨村,杨新海,2002)。

一镇双城式是由两块分离,但又相互依存、有机联系的镇区用地串联形成。这种形式的产生往往是受交通、自然地形、地质地貌、行政区划、历史等因素的影响,如图 2-10 所示。

组团式分散布局的形成往往是由于地形限制,但也有因为用地选择或用地功能组织的原因。小城镇由两三片用地构成,每片生产、生活配套,相对独立,各片间相距不远,联系方便。此类布局虽不如集中紧凑式布局拥有的经济效能高,但在发展上却有较大余地,解决了集中式布局中建设发展与农田保护的矛盾,在用地组织上也便于按照各片主要功能性质形成不同特点的功能布局。特定条件下,只要保持相当规模,做到生产、生活配套,联系方便,这种形态的小城镇还是可取的,如图 2-11 所示。

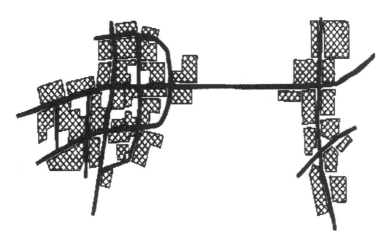

图 2-10　一镇双城

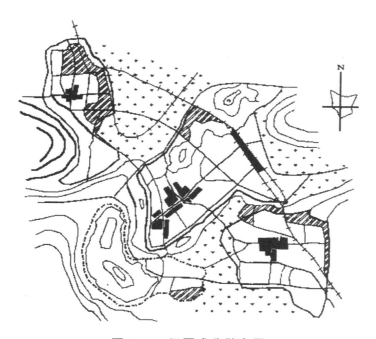

图 2-11　组团式分散布局

第四节　小城镇生态社区规划

小城镇社区是"按地域组织起来的人口,而这些人口都深深扎根在他们所生息的那块土地上",是区域化的具体社会。社区从功能上强调满足每个居民生活各个方面的需要,是共同利益居民的结合,重视人与人之间的相互交往和互助,这种联系既是一种资源配置的过程,又是一种民众参与的过程。

一、借鉴海绵城市理念

海绵城市建设要以目标和问题为导向,统筹推进新老城区海绵城市建设。国务院办公厅印发《关于推进海绵城市建设的指导意见》(国办发〔2015〕75 号)要求:从 2015 年起,全国各城市新区、各类园区、成片开发区要全面落实海绵城市建设要求。老城区要结合城镇棚户区和城乡危房改造、老旧小区有机更新等,以解决城市内涝、雨水收集利用、黑臭水体治理为突破口,推进区域整体治理,逐步实现小雨不积水、大雨不内涝、水体不黑臭、热岛有缓解。重点抓好海绵型建筑与小区、海绵型道路与广场、海绵型公园和绿地建设、自然水系保护与生态修复,以及绿色蓄水、排水与净化利用设施建设等五方面工作,同时,各地要建立海绵城市建设工程项目储备制度,编制项目滚动规划和年度建设计划,避免大拆大建。

从"水资源、水安全、水环境、水生态、水文化"五个基本方面来确定海绵城市建设总体目标,从而实现"修复城市水生态、涵养城市水资源、改善城市水环境、提高城市水安全、复兴城市水文化"的多重目标。

通过海绵城市建设,综合采取"渗、滞、蓄、净、用、排"等措施,最大限度地减少城市开发建设对生态环境的影响,将 70% 的降雨就地消纳和利用。

2020 年,城市建成区 20％以上的面积达到目标要求,推进海绵城市建设,打造海绵示范项目。

2030 年,城市建成区 80％以上的面积达到目标要求。城市建设全面融入海绵理念,大力推进海绵城市建设,逐步实现小雨不积水、大雨不内涝、水体不黑臭、热岛有缓解,成为生态文明城市。

城市设计的主要工作是对城市空间形态的整体构思与设计,其基本的要素是用地功能、建筑外观及开放空间。

在城市设计的过程中,我们要将"硬质"设计与"软质"设计相结合,统筹考虑。在这一前提下,海绵城市的设计理念应运而生,打造"天人合一"和"融入自然"的思想,是对当代城市设计只注重建筑美学形态这种观念的完善与修正。城市设计应当全面考虑城市与自然的共生,让雨水、阳光、风、植物与城市空间形态完美地融合,让城市在适应环境变化和应对自然灾害等方面具有良好的"弹性",真正达到与自然和谐共处的目标。

二、绿地设计原则

(一)便利舒适原则

绿地设计首先需要满足人们使用的便利与舒适要求,这一点与广场空间设计基本一致。在城市整体布局中,应根据服务半径、人口密度等综合因素,将绿地开放空间均匀地分布于各个片区,尽可能避免服务盲区的存在。

具体设计时,需要通过调研了解绿地空间使用者的情况,包括年龄构成、生活习惯、户外活动规律等等。在此基础之上确定其主要的服务功能,如休息、散步、健身、娱乐、游戏等。进而根据各种功能活动的特点,将绿地空间划分为尺度、形状、私密程度等方面都相对适宜的各种场地,满足人们多种活动的需求。此外,花坛、座凳、灯具、垃圾桶、指示牌等附属设施与生活设施也是绿地空间使用过程中不可缺少的重要内容。设计时需要结合心理学、行为学、人体工程学的相关原理，为人们休憩、娱乐等活动提供行为支持，同时力争体现出趣味性与观赏性的美学特征。

(二)景观丰富原则

作为以自然要素为主体的开放空间，人们对其环境景观格外关注。概括而言，绿地开放空间的景观要素主要有地形、植物、休闲建筑三种。

地形指地球表面三度空间的起伏变化，不同类型的地形对应于不同的活动功能，同时也构筑起不同的景观效果。

植物是绿地空间最主要的景观要素。其外形特征非常丰富，在大小上有乔木、灌木、地被、草坪之分。形状上有柱形、圆形、塔形、垂形之别。色彩上有鲜艳色、中度色、深暗色的差异。而且相同的植物在不同的季节和生长期，其色彩、质地、大小、叶丛疏密程度也不相同。因此，植物是最具变化与魅力的景观元素，设计需要针对其外形特征，结合时间演替以及多株、多种植物的聚集搭配效果，形成丰富的植物景观。

休闲建筑，如亭、廊、榭、舫、馆、轩、斋、室、桥、塔、台等，在绿地空间中的占地面积往往只有 $1\%\sim3\%$，但它们的存在可以为各种休闲活动提供风雨庇护，营造出别致的空间感受。同时，掩映在大量自然景观中的人工休闲建筑，常常也起到画龙点睛的景观效果，以这些建筑命名的景点在我国绿地空间中屡见不鲜。

以上述景观要素为基础，通过搭配与调整，同时结合地方历史人文资料可以形成系列的空间景点。当然，这些景点之间还需要通过景线加以联系，以形成整体化的绿地空间景观。联系方式主要有以下两种：其一为游览线路，即通过道路系统将各景点有机组合起来，形成完整的景观展示程序。一般情况下，绿地空间的内部道路宜曲不宜直，同时小型空间的道路宜迂回靠边，拉长距离，避免给人局促之感。其二为景观视线。该视线是某空间观察点与景点之间的视觉连线,也是真实环境中人们观赏景观的主要方式,所以设计中应尽可能地多设置一些有意识的景观视线,营造步移景易、层次深远的空间意境。对此,中国古典园林设计中常用的一些技法很值得我们借鉴,例如利用轴线关系形成对景,通过框景、漏景、夹景手法突出景观,运用借景、隔景技艺增加层次等等。

(三)生态效益原则

生态功能是绿地空间对城市环境的主要贡献,设计时应保证其生态效益的充分发挥。

绿地空间的植物宜选择适应当地气候、土质的乡土种类。这类植物往往栽培历史长、适应性强、苗源多、易存活,且有助于体现城镇地方特色。以树木为例,日本著名植物学家宫协昭教授实践证明,用当地优势树种播种育苗,1.5～2年即可育成壮苗,与伴生树种一起种在绿地中,3年精心养护后部分常绿树种能长到2m高,以后不用人工养护每年可长高1m,6～8年即可成林,充分体现了"低成本、快速度、高效率"的优点。当然,在经过相应的引种与驯化试验后,也可以适当引入一些外来树种与名贵树种。

与单纯的自然环境相比,绿地空间,尤其是后天人为的小规模绿地空间以及广场、街道等开放空间中的绿地环境,由于城镇空气污染、土壤板结等原因,实际上是不利于植物生长的。所以,选择的植物要具备一定的抗性,即对酸、碱、旱、涝、砂性土壤有较强的适应性,对烟尘、有毒气体及病虫害有较强的抗御性。

植物的成形时间往往长短不一,有些时间快,早期绿化效果好,如花卉类与速生树,但往往寿命短,易损坏;相反一些植物生长速度慢,但寿命长,质地好。因此,为保证绿地空间的综合生态效应与绿化效果,速生植物与慢生植物需要进行有计划的搭配种植,同时做好已经衰老的速生植物的替换工作。

研究表明,绿色植物生态效益的高低直接取决于绿化三维量,即绿色植物所占的空间体积。通常情况下,由乔木、灌木、草本建构的复层结构植物群落易于形成稳定的生态系统,三维绿量高,抗污染病虫害能力强,维护方便,是推荐采用的绿地空间植物群落单元模式。我国相关专家曾建议"1：6：20：29 的乔木、灌木、草地、绿地配置比例,即在 $29m^2$ 的绿地上应种植 1 株乔木,6 株灌木,$20m^2$ 草坪"。20 世纪 90 年代,我国许多城市都出现过一味追求视觉效果纯粹使用草坪的种植做法。事实证明,单层草坪的生态效益仅为复层植物群落生态效益的 1/4～1/5,维护费用却提高了 2～3 倍,且由于草坪一般不许踩踏,客观上减少了游人的休闲空间。所以在城市生态角度,绿地空间不宜盲目使用过多的草坪,而建议采用相对复式的配植结构。

绿化景观修补应该是通过对现状城市绿地存在的问题进行系统梳理后,有针对性地分门别类,因地制宜地提出修补和整治的策略和措施,例如针对遭到侵占、借用以及荒弃的不同问题类型,分类进行绿地整治。同时在局部绿地地块修补的基础上,将现有绿地景观资源进行有机的串联与整合,优化城市公共空间和绿地景观系统,形成完善的城市公共绿地体系。

绿地修补还应该在完善城市公共绿地体系的基础上,突出近期城市绿地修补的重点工作,通过近期重点工作的推进对后续城市绿地修补工作起到指导和示范作用。近期城市绿地修补重点区域的选择应该从城市绿地空间结构的重点区域入手,充分考虑现状绿地状况以及周边用地产权情况。选取现状绿化景观缺乏并且具备绿地修补条件的区域,重点推进城市绿地修补工作。例如三亚近期绿地修复工作就选取了三亚河上游地区,该地区周边居住用地较多,但绿地公园缺乏,而且两河上游交汇处现状绿化景观条件较好,同时是城市空间景观结构的重要区域,是体现城市景观结构、体现城市特色的重要抓手。因此,选取该区域作为绿地景观修补的近期建设重点区域。

"以人为本"和"生态优先"是城市绿地修补工作的重要原则。首先,绿地修补工作的开展应该更多地关注社会民生效果以及百姓的诉求,应首先考虑让市民满意,给市民带来实惠,避免让绿地修补工作成为简单的栽种植物和美化景观的形象工程。对于城市主要功能中心区,因地制宜设置人流集散、集会的广场。对于城市各主要居住片区,尤其是严重缺乏绿地公园的居住片区,依据周边市民的需求和现状可改造、可建设的条件,营造环境优良的公园绿地以及街道开敞空间。对于现状较差的绿地进行修整,通过完善优化,营造良好的景观效果和场所感,以及良好的开放性和可达性。同时规划实施中还要增补绿地,通过拆旧建绿、见缝插绿,使绿化空间系统化并与周边良好协调,真正做到还绿于民、还景于民。其次,绿地修补应该以"生态优先"为基本原则,体现生态修复的相关要求,绿地建设以自然生态唯美,不宜采用太多人工化的设施,仍应从生态角度出发,强调自然的修复性和多样性,充分展现地方自然山水的独特魅力。

绿地对于提高城市空间舒适性具有重要作用与意义。对老城中遭到侵占、借用、荒弃的绿地进行整治,补植行道树,恢复街头绿地公园;选用地方植物,科学组合树种,促进生物多样性,降低养护费用;提高绿化景观设计水平,植物体量、色彩、季节差别搭配合理,形成优美的街道绿化景观;定期、及时养护绿植,对遭到破坏或长势不佳的植被及时补植更新;对于树龄较高、长势较好、已经形成一定景观的植被进行保护,避免不必要的砍伐移植,根据各地实际情况,应明确规定胸径到达一定长度的大树原则上不移植。

第五节　小城镇公共中心区规划

一、公共中心的构成

公共中心是城镇主要公共建筑分布集中的地区,是居民进行各种活动、互相交往的场所,是城镇社会生活的中心。城镇中心应有各类公共建筑物、各类活动场地、道路、绿地等设施,它可以组成一个广场或安置在一条道路上,也可以是在街道和广场上结合布置,形成一个建筑群体。有的公共中心规模范围较大,可由几个建筑群体空间系列的道路和广场组合而成,其内容一般包括以下几个部分:

(1)行政管理机构。如党政机关、社会团体、经济管理机构等的建筑,这些建筑根据自身的功能要求和建筑特点,可组织在城镇干道或广场上作为主景。

(2)科学文化机构。如科学技术展览馆、博物馆、广播站、电视台、文化馆、图书馆、学校等。

(3)纪念性的建筑。如纪念馆、纪念堂、历史文物建筑等,往往布置在视线集中的重要位置上,或保留在特定的环境中,不但能丰富城镇的艺术面貌,而且能成为人们瞻仰活动、游览休息的地方。

(4)商业服务的建筑。如百货商店、各种专业商店、旅馆餐厅等,一般有精美的橱窗、变化无穷的建筑造型及夜间灯光的变幻等。

(5)文娱、体育设施。如电影院、俱乐部、体育馆(场)等建筑,一般都拥有一定的形体和空间,这些设施有大量的人流集散,因此应布置在交通流畅、易组织车流和人流的地方。

(6)邮电、金融机构。如邮政局、电信局、银行、保险公司等。

(7)医疗卫生设施。如各类医院、卫生站、急救中心、防疫站等。

(8)交通设施。如各类车站、码头、航空港等,这些建筑和设施在功能方面要求较高,在一般城镇中,这类交通性建筑起着城镇门户的作用。车站、码头的主要建筑可作为城镇交通道路的对景,易于游人辨认。

城镇公共活动中心,不仅为本城镇内的居民服务,而且也为城镇所辖范围以及相邻乡镇居民服务,为来本城镇旅游、办事、探亲的流动人口服务。因而城镇公共活动中心规模的大小和内容,不仅和城镇的大小、经济水平有关,而且还与服务范围和流动人口有关。尤其是具有突出特点和优势的城镇,如风景城镇、历史名城、对外开放城镇,或在某项工业、商业、农业等方面有特色的城镇,以及医疗、疗养、科学文化、旅游接待等特殊类型的城镇,其公共活动中心的规模和设施比一般城镇要大,内容也更为丰富。

二、公共中心的规划布局

(一)公共活动中心的位置选择

城镇公共活动中心的位置应从现状出发,满足建设、经济的要求,充分利用原有的设施和基础。尤其是在扩建、改建城镇中,必须调查研究原有公共活动中心的实际情况、发展条件,同时分析城镇的发展对公共活动中心的建设要求,尽量利用原有设施,根据具体情况,采取保留、改造、扩建等方法,将它们合理地组织到规划中来。

城镇中心是为整个城镇服务的,在理论上一般应位于城镇的中心,有最佳的服务半径。但由于城镇是多因素的综合体,是自然因素和社会因素的聚焦点,所以其中心并不一定是地面的几何中心。根据自然条件、历史文化、传统习惯、交通联系和人流主要方向等,其中心应选在位置适中、交通方便、居民能便捷到达的和自然条件良好的地段。有时由于城镇的发展使原有中心的位置不适中,或原有中心的基础较差,或原有中心改建时拆迁量较大,也可考虑重新选址,将原有中心改作他用。

城镇公共活动中心的位置应与城镇用地发展方向相适应,近、远期结合。城镇中心的位置既要使近期比较适中,又要使远期趋向于合理,在布局上保持一定的灵活性。公共活动中心各组成部分的修建时间有先后,不同时期的建筑技术与经济条件也不一样,应注意公共中心在不同时期都能有比较完整的面貌,使其既满足分期建设的要求,又能达到完整统一的效果。

选择公共活动中心的位置时,除考虑充分利用现状,避免大量拆迁外，还应考虑工程地质、水文地质的条件和现状，避免进行大量的、复杂的工程技术措施，以节省建设资金。

(二)公共中心的空间布局形式

城镇中心主要公共建筑布置在街道两侧，沿街呈线状发展是传统的布置方式，有便利的交通条件，易于形成繁华热闹的城镇景观。

采用沿主要街道布置公共建筑时，应注意将功能上有联系的建筑成组布置在道路一侧，或将人流量大的公共建筑集中布置在道路一侧，以减少人流频繁穿越街道。在人流量大、人群集中的地段应适当加宽人行道，或建筑适当后退形成集散场地，以减少对道路交通的影响。对于人流、车流过于集中的地段，并且人车混行，严重妨碍车辆行驶，又威胁行人的安全的情况，则应采用步行商业街的形式。

另外，当街道较长时，应分段布置，设置街心花园和小憩场所。在分段规划中，形成高潮区和平缓区，"闹"、"静"结合，街景适当变幻，削减行人疲劳。对于公共建筑项目较少的城镇，可以单边街布置公共建筑，以减少人流过街穿行，或将人流大的公共建筑布置在街道的单侧，另一侧少建或不建大型公共建筑。

在城镇干道划分的街区内，布置城镇中心公共建筑群、步行道路、广场、停车场、建筑小品及绿化休息设施，这种布局避免了城镇交通对其中心内部公共活动的干扰，也有利于城镇交通的组织，被国内外较多采用。

利用自然条件，结合地形，将山坡地、河湖水面等天然要素组织在城镇中心内。城镇中心的各项用地，如建筑、道路广场、园林绿地及各种设施，巧妙布置在这种地段内，创造优美的公共中心环境，排除交通运输车流干扰，同时又与城镇干道有方便的联系。这些要素的布置，以巧用地形为规划原则，贵在灵活。

(三)公共中心的交通组织

公共中心集中了各类公共建筑，形成一定的建筑空间环境，此空间又是行人密集、交通频繁之处,既要求有良好的交通条件,又要避免交通拥挤、人车干扰。为了保证城镇中心各项活动的正常进行,要进行公共中心区的交通组织。

1. 交通分散

分散与公共中心活动无关的交通;开辟与城镇中心主干道相平行的交通性道路;将通过城镇中心的交通性道路改为地下行驶;在城镇公共中心地区的外围开辟环行道路;在交通管理上进行处理,如控制车辆的通行时间和通行方向,如图 2-12 所示。

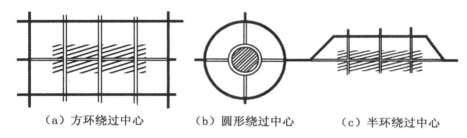

（a）方环绕过中心　　　（b）圆形绕过中心　　　（c）半环绕过中心

图 2-12　小城镇中心过往车辆绕行方式

注:引自《小城镇规划与设计》(王宁,2001)。

2. 合理布置吸引人流的大型公共建筑与设施

对于人流量大的公共建筑,当被安排在交通量较大的道路上时,应布置在干道的一侧,并加宽人行道和行人活动的面积,以减少可能来回穿越交通干道的人流。影剧院、体育场的出入口前,应组织相应的集散场地。在繁忙的交叉口四周,不宜布置吸引人流量大的建筑和设施,更不能将这些建筑和设施的出入口布置在交叉口处的转角地带。在吸引大量人流的设施前,应辟出广场以满足人流量的要求,并组织好人行通道。

3. 人车分流

开辟完整的步行道系统,把人流量大的公共建筑组织在步行道系统中,使人流、车流分开,各行其道,避免相互干扰。

(四)公共中心的艺术处理

公共活动中心的规划应考虑艺术布局的要求,它主要通过广场、道路、建筑群的组合,形成各种空间,再结合绿化布置,来体现它的艺术面貌。城镇公共中心的艺术布局,应建立在充分解决活动功能、交通要求的基础上,不能单纯追求艺术面貌,而且每个城镇的主要公共中心都应有自身独特的风格,而不应是千篇一律的。

利用历史文化建筑创造环境美。古建筑或新的建筑,在城镇中心规划中应予以适当依托和利用,令人抚古仰新,增加城镇风貌的感染力。拓宽视廊、开辟广场,新与旧巧妙联系和过渡,形成整体建筑的群体美,创造城镇地方特色。

政治活动或纪念活动要求有较好的活动中心设施,宜均衡对称。商业活动或文娱活动中心的布置,则应自由灵活。在平原地区或较平坦的地段,可采用均衡对称处理;而在丘陵山区、滨水地段或地形复杂之处,可视各自具体情况加以灵活处理。

三、公共中心的设计要求

城市中心区土地使用布置应尽可能做到多样化。有各种互为补充的功能,是古往今来城市中心存在的基本条件。设计可以整合办公、商店零售业、酒店、住宅、文化娱乐设施及一些特别的节庆或商业促销活动等多种功能,发挥中心区的多元性市场综合效益,如瑞典斯德哥尔摩市中心豪德格特在扩建时,将行政办公建筑布置在商业和娱乐设施之上,既突出了城市中心的形象,也满足了多样性的要求。车辆和行人对于街道的使用应保持一个恰当的平衡关系。创造方面有效的联系即在空间安排上考虑使用的连续性,使人们采取步行方式就能够便捷地穿梭活动于城市中心区各主要场所之间。如美国明尼阿波利斯、中国香港等城市中心区的空中步道,它们联系了大部分的活动场所,构筑起一个完整的中心区步行体系。

　　建立正面意象原则即让城市中心区具有令人向往、舒心愉悦的积极意义,如精心规划布置中心区的标志性建筑物,设置生活设施和环境小品,以建立一个安全、稳定、品味高雅的环境形象。

第三章 小城镇基础设施规划

随着社会城市建设的快速发展,新农村建设成为我国现代化进程中的重大历史任务,小城镇现代化建设亦是新农村建设中的重要内容。而在小城镇现代化建设中,其基础设施工程的规划具有十分重要的意义,加强小城镇的基础设施建设,有助于小城镇的发展。本章从道路交通、排水、电力、电讯工程这几方面来论述小城镇的基础设施工程。

第一节 小城镇道路交通工程规划

道路是公益性的公共基础设施,是农村、城镇生产生活、经济社会发展的基础。"要想富,先修路""道路通,百业兴"等谚语已经成为小城镇道路在现代经济社会发展及广大农民生活中重要作用的集中体现和经验总结。要建设好小城镇道路,就要充分认识加快小城镇道路建设的重要意义。

小城镇道路交通规划是在小城镇总体布局指导下的专项工程规划,是小城镇总体规划的重要组成部分,是构成城镇发展的重要条件,必须与小城镇经济、社会和环境发展相互协调。小城镇道路交通规划以小城镇用地功能组织为前提,同时合理的道路交通组织又能反作用于用地规划,有利于优化城镇用地布局。

一、小城镇道路交通的特点与分级

（一）小城镇的交通特点

在规划设计道路时,需要研究小城镇道路交通的特点,认识和掌握它的规律,从而科学地规划小城镇道路。小城镇道路交通的主要特点有如下几方面:

1. 交通运输工具类型多

小城镇道路上的交通工具主要有卡车、拖挂车、拖拉机、客运车、小汽车、吉普车、摩托车等机动车,还有自行车、三轮车、平板车等非机动车。

2. 缺少停车场,违章建筑多

小城镇一般缺少专用停车场,各种车辆任意停靠,占用车行道与人行道,加之管理不够,道路两侧违章搭建房屋多,摆摊设点、占道经营多,造成道路交通不畅。

3. 人流、车流的流量和流向变化大

由于小城镇规模小,相对于城市而言,其日常生活作息的规律性强而多样性弱,因此每天在上下班和上学放学时段形成了早晚两次人流、车流高峰。在这两次高峰之外的时间段,由于城镇内部的货物运输相当有限,道路上的交通量明显减少。

4. 车辆增长快,道路功能不清

随着社会主义市场经济深入持久的发展,小城镇经济繁荣,车流、人流发展迅速,现有道路不能满足人流、车流增长的需要,致使小城镇道路拥挤、人车混行、交通堵塞、混乱。

5. 道路基础设施差

小城镇往往由于历史的原因,造成道路性质不明确、技术标准低、缺乏必要的排水设施。交通管理制度不健全。

(二)小城镇道路的分类

从城镇地域来看,按道路功能和使用特点可分为公路和城镇道路。

1. 公路

公路是城镇与城镇、城镇与农村间的联系道路。

由于小城镇的过境交通和进出城交通较多,使过境道路(公路)在小城镇的道路系统中占有重要地位,过境交通一般不应穿越镇区,避免与镇区交通之间的相互干扰。同时,小城镇用地规划应充分考虑过境交通的未来增长,以及由此带来的公路等级的提高,为过境道路的今后发展留有余地,既满足公路交通的通行要求,又减少过境道路与城镇道路的交叉连接,避免不必要的相互干扰。

2. 城镇道路

城镇道路是指城镇内部道路,按其在道路系统中的重要性可分为主要道路和次要道路,按其承担的交通功能又可分为交通性和生活性两类。

(1)主要交通性道路。主要承担工业区、仓储区、车站、码头等交通量较大的用地之间的货运交通联系。若机动车交通量较多而非机动车交通量较少,可采用一块板的形式;若非机动车交通量也较多,在用地条件允许的前提下,可采用三块板形式,将机动车与非机动车分开。

(2)次要交通性道路。一般指工业区内部或与其他用地之间联系的低等级货运交通道路,一般为一块板形式。

（3）主要生活性道路（包括步行街）。主要承担镇区中心、住宅区与其他功能区之间的客运交通联系，非机动车和行人较多，可有少量的货车通行。沿生活性道路，应布置住宅、公共建筑、商业服务及公共绿地等用地。

（4）次要生活性道路（包括非机动车道）。主要承担生活居住区内部各种功能用地之间的低等级客运交通联系。主要通行非机动车和行人，机动车很少。

二、道路系统规划的基本要求

小城镇道路规划的目的是为了适应小城镇建设和社会经济发展的需要，保障城镇内外交通联系方便、安全畅通。在规划时，应以小城镇现状、发展规模、用地布局和交通运输需求为依据，从全局出发，既充分考虑城镇道路网络的合理性和可能性，满足小城镇交通流量、流向及其发展要求；又要妥善处理道路网与自然地理条件、环境保护、景观布局、各种工程管线布置以及其他交通运输、人工构筑物等的关系；同时还应符合国家的方针、政策以及相应的技术规范和要求。

（一）满足内外交通运输的要求

规划道路系统时，应使所有道路主次分明、分工明确，并有一定的机动性，以组成一个高效、合理的交通运输系统，从而使小城镇各区之间有安全、方便、迅速、经济的交通联系，具体要求为以下几个方面。

1. 道路的交通布置要求

（1）铁路的交通布置。铁路由铁路线路和铁路站两部分组成。小城镇所在的铁路站大多是中间车站，客货合一，多采用横列式的布置方式。

当铁路线路不可避免地穿越城镇时，应配合城镇规划的功能分区,把铁路线路布置在各分区的边缘,铁路两侧均应配置独立完善的生活福利文化设施,以尽量减少跨越铁路的交通。

当铁路车站客、货部分不能在城镇一侧而必须采用客、货站对侧布置,城镇交通不可避免地跨铁路时,应保证镇区发展以一侧为主,货场和地方货源、货流同侧,以充分发挥铁路的运输效率,在城镇用地布局上尽量减少跨越铁路的交通量。

(2)公路的交通布置。公路线路与小城镇的联系和位置分两种情况,即公路穿越小城镇和绕过城镇。采用哪种布置方式要根据公路的等级、过境交通和入境交通的流量、城镇的性质与规模等因素来确定。

2. 汽车站的布置要求

公路汽车站又称长途汽车站,按其性质可以分为客运站、货运站、客货两运站三种。

(1)客运站。小城镇镇区面积不大,客运人数和车流量都较少,大都设一个客运站,布置在小城镇边缘,还可将长途汽车站和铁路车站综合布置,以便联运。

(2)货运站。货运站位置的选择与货源性质有关,一般布置在小城镇边缘,且靠近工业区和仓库区,便于货运,同时也要考虑与铁路货场、货运码头的联系,便于组织货运联运。

(3)客货混合运站。城镇规模小、客货流量较少且比较平衡时,常采用客货混合站,其位置应综合客运站与货运站的要求。

3. 满足重要地段、交叉口交通布置要求

小城镇各主要用地和吸引大量居民的重要地点之间,应有短捷的交通路线,使全年最大的平均人流、货流能沿最短的路线通行,以使运输工作量最小,交通运输费用最省。

4. 道路交叉口布置要求

道路系统应尽可能简单、整齐、醒目,以便行人和行驶车辆辨别方向,易于组织和管理交叉口的交通。交叉口间距不应太短,以避免交叉口过密,从而降低道路通行能力和降低车速,一个交叉口上交汇的街道不宜超过4～5条,交叉角不宜小于60°或不宜大于120°,如图3-1所示。

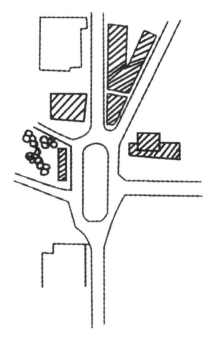

图 3-1　十字形交叉

5. 道路密度要求

道路密度是指每平方公里城市用地的面积内平均所具有的道路长度,单位以 km/km² 来表示。一般而言,道路网密度大,交通联系方便。但密度过大,交叉口增加,反而影响车速和道路通行能力,同时造成城镇用地过度分割,增加建设投资。由于小城镇居民出行主要依靠步行和自行车,且道路上机动车流量相对较小,因此其干道网密度可较城市高,一般可达 5～6km/km²,干道间距相应为 300～400m;同时一般道路网(含支路)密度可达 8～13km/km²,道路间距为 150～250m。城镇道路网密度受现状、地形、交通分布,建筑及桥梁位置等条件的影响,不同类型小城镇、城镇中的不同区位、不同性质的地段的道路网密度应有所不同,城镇道路网密度过小会造成交通不便,过大则会造成用地和投资的浪费。

(二)满足地形、地质条件要求

小城镇道路网规划的选线布置,既要满足道路行车技术的要求,又必须结合地形、地质和水文条件,并考虑到与临街建筑、街坊、已有大型公共建筑出入联系的要求。道路网尽可能平而直,尽可能减少土石方工程,并为行车、建筑群布置、路基稳定创造良好条件。

在地形起伏较大的小城镇,主干道走向应大致与等高线平行,避免垂直切割等高线,并视地面自然坡度大小对道路横断面组合做出经济合理安排。一般当地面自然坡度达 6%～10% 时,可使主干道与地形等高线交成一个不大的角度,以使与主干道相交叉的其他道路不致有过大的纵坡(图 3-2)。

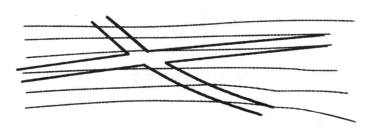

图 3-2　道路与等高线斜交

当地面自然坡度达 12% 以上时,采用"之"字形的道路线形布置。其曲线半径不宜小于 13～20m,且曲线两端不应小于 20～25m 长的缓和曲线。为避免行人在"之"字形支路上盘旋行走,常在垂直等高线上修建人行梯道。

(三)满足环境景观的要求

城镇道路的建设不仅要避免和减少对环境的破坏,而且要有利于城镇环境的改善。道路走向应有利于城镇通风,一般应与夏季主导风向平行。南方海滨、江边的道路要临水敞开,并布置一定数量的垂直于岸线的道路。北方一些受寒流、风雪及沙尘侵袭的小城镇,主干道则应与风雪和风沙季节的主导风向垂直或成一定角度,避免大风雪和风沙对城镇的直接侵袭。

　　在交通运输日益增长的情况下,对车辆噪声和尾气污染的防治也应引起足够重视。道路规划时一般可采取的措施有:合理确定城镇干道网密度,保持干道建筑与交通干道之间的足够距离;控制过境车辆、拖拉机穿越镇区,限制货车进入住宅区;道路断面作适当处理,安排必要的防护绿地来阻隔噪声和尾气;沿街建筑布置方式及建筑设计作特殊处理,如建筑后退道路红线,房屋山墙对路等,如图 3-3 所示。道路走向还应为两侧建筑布置创造良好的日照和通风条件,同时最好避开正东西方向,避免日光耀眼而导致交通事故。

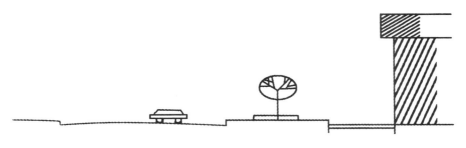

图 3-3　房屋山墙对路

　　人们对城镇景观的体验主要是在城镇道路上展开的,城镇道路对城镇面貌起着重要的作用。因此,城镇道路系统应力求通畅、完善,注意道路与沿街建筑、绿地、广场、公用设施等的结合,协调街道平面和空间的组合。同时根据实际情况,把自然特色(山峰、湖泊、绿地)、历史文物(塔、亭、桥、古建筑)、现代建筑(纪念碑、雕塑、小品)等贯通起来,在不妨碍道路功能的前提下形成统一整体,使城镇面貌更加丰富多彩、富有特色。道路走向应尽可能地引借城镇的制高点或景点,如山峰、纪念碑、纪念性建筑或大型公共建筑等,不仅丰富道路景观,而且赋予城镇以标志,加强城镇的认知性。为了创造多层次的街道景观,对较长的道路应适当布置广场、绿地,山区道路则应利用其竖向的变化,临水道路应结合岸线规划巧妙布置。

(四)满足工程管线布置及其他要求

1. 满足各种工程管线布置要求

城镇道路一般也是排除雨水的通道。设计道路的纵坡时,除满足行车要求外还要符合城镇排水的要求,至少保持0.3%的道路纵坡,而且一般街道的标高应稍低于两侧街坊地面的标高,以利于汇集、排除地面水。

城镇中的各种管线工程,一般都沿路铺设。由于各种管线工程的用途不一,性质和要求也各不相同,城镇道路应为它们的埋设创造必要的条件。如电信管道,占地不大,但要求有较大的检修入孔;排水管道埋设深,施工开槽用地较多;煤气管道要防爆,须远离建筑物,并与其他管道保持一定距离。道路与管线工程相互交叉时,要妥善处理好交叉管线的垂直分布,满足相互间的垂直距离。因此道路规划时,横断面设计要尽量为管线铺设留有足够的空间。

在规划道路纵断面和确定路面标高时,要充分考虑污水管、雨水管等重力自流管的铺设走向和坡度要求。重力自流管自身须保持一定的坡度,道路纵坡设计应尽可能予以配合。若道路纵坡过大时,排水管道需增加跌水井;而坡度过小时,排水管道又需增设泵站,从而增加市政设施的投资费用和日常运营费用。同时城镇道路也是防灾、救灾的重要通道,道路规划应和人防工程规划相结合,以利于防灾疏散。小城镇要有足够的对外交通出口,形成完善的系统,以保证平时或突发灾害时的交通畅通无阻。

2. 小城镇道路系统规划的其他要求

小城镇道路系统规划除应满足上述基本要求外,还应满足:

（1）对外交通以水运为主的小城镇,码头、渡口、桥梁的布置要与道路系统互相配合,码头、桥梁的位置还应注意避开不良地质。

（2）小城镇道路要方便居民与农机通往田间,要统一考虑与田间道路的相互衔接。

（3）道路系统规划设计,应少占田地,少拆房屋,不损坏重要历史文物。应本着从实际出发,贯彻以近期为主,远、近期相结合的方针,有计划、有步骤地分期发展、组织实施。

三、小城镇停车场规划

(一)小城镇停车场的选址原则

（1）停车场的位置应尽可能在使用场所的一侧,以便人流、货流集散时不穿越道路。停车场的出入口原则上要分开设置。

（2）停车场和其服务的设施距离以 $50\sim150m$ 为宜;对于风景名胜、历史文化保护区以及用地受限制的情况下,也可以 $150\sim250m$ 为宜,但最大不宜超过 $250m$。对于学校和医院等对空气和噪声有特殊要求的场所,停车场应保持足够的距离。

（3）停车场的平面布置应结合用地规模、停车方式,合理安排好停车区、通道、出入口、绿化和管理等组成部分。停车位的布置以停放方便、节约用地和尽可能缩短通道长度为原则,并采取纵向或横向布置,每组停车量不超过 50 辆,组与组之间若没有足够的通道,应尽可能留出不少于 6m 的防火间距。

（4）停车场内交通线必须明确,除注意单向行驶,进出停车场尽可能做到右进右出。利用画线、箭头和文字来指示车位和通道,减少停车场内的冲突。

（5）停车场地纵坡不宜大于 2.0%;山区、丘陵地形不宜大于 3.0%,但为了满足排水要求,均不得小于 0.3%。进出停车场的通道纵坡在地形困难时,也不宜大于 5.0%。

(二)小城镇停车规划设置

1. 路边停车规划设置

根据路边停车利弊特点,原则上在小城镇里应逐步禁止路边停车。但目前在许多小城镇路外停车设施严重短缺的情况下,由于路边停车又给人最短步行距离,故在不严重影响交通的情况下,允许开放的路边停车,而对路边停车场位设置,给予详细的规划与管制。

(1)容许路边停车的最小道路宽度。若道路车行道宽度小于表 3-1 中禁止停放的最小宽度时,不得在路边设置停车位。

表 3-1　容许路边停车的道路宽度

道路类别		道路宽度	停车状况
道路	双向道路	12m 以上	容许双侧停车
		8～12m	容许单侧停车
		不足 8m	禁止停车
	单行道路	9m 以上	容许双侧停车
		6～9m	容许单侧停车
		不足 6m	禁止停车
巷弄		9m 以上	容许双侧停车
		6～9m	容许单侧停车
		不足 6m	禁止停车

(2)容许路边停车的道路服务水平。路边停车的设置应将原道路交通量换算成标准小汽车(pcu)单位,以 V 表示,然后按车道布置,计算每条车道的基本容量以及不同条件下路边障碍物对车道容量的修正系数,获得路段的交通容量 C,最好根据 V/C,当 $V/C \leqslant 0.8$ 时,容许设置路边停车场。表 3-2 为设置路边停车场与道路服务水平关系表。

表 3-2　设置路边停车场与道路服务水平关系表

服务水平	交通流动情形			交通流量/容量(V/C)	说明
	交通状况	平均行驶速率/(km/h)	高峰小时系数		
A	自由流动	≥50	PHF≤0.7	V/C≤0.6	容许路边停车
B	稳定流动(轻度耽延)	≥40	0.7<PHF≤0.8	0.6<V/C≤0.7	容许路边停车
C	稳定流动(可接受的耽延)	≥30	0.8<PHF≤0.85	0.8<V/C≤0.8	容许路边停车
D	接近不稳定流动(可接受的耽延)	≥25	0.85<PHF≤0.9	0.8<V/C≤0.9	视情况考虑是否设置路边停车场
E	不稳定流动(拥挤、不可接受的耽延)	约为25	0.9<PHF≤0.95	0.9<V/C≤1.0	禁止路边停车
F	强迫流动(堵塞)	<25	无意义	无意义	禁止路边临时停车

以上两条符合路边停车场的设置条件时,方可设置路边停车。禁停、允许停和限时停均应经详细计算后以标志标线指示和禁令。

2. 路外停车场规划

路外停车场主要包括社会停车场建筑与住宅附属(配建)停车场和各类专业停车场,其设置原则主要如下。

(1)停车特性与需求:停车特性足以反映停车者的行为意愿。在规划前应有停车延时与停车目的、停车吸引量等基本调查。一般拟定设计容量时,建议将高峰时间总停车需求的85%作为规划的标准。

(2)进出方便性:停车者对停车场的选择往往将进出方便以及距离目的地步行长短作为主要考虑因素。进出方便性除了出入口布置,还与邻近道路交通系统的交通负荷有关。

(3)建筑基地面积:建筑基地面积是决定路外停车场容量与形式选择的主要因素之一。按标准车辆停车空间面积(如小汽车取宽 2.5m,长 6.0m)再加上进出通道和回车道等。一般认为基地面积大于 4000m² 的以建通道式停车场较好;面积在 1500~4000m² 的可视情况建通道式停车场。

(4)地价:由于小城镇中心地价比郊区地价贵,通常郊区停车场采用平面式,中心区停车场与其他公用设施(广场、绿地、学校、车站等)共用土地使用权也是取得土地的有效途径。

(5)应在小城镇出入口或外围结合公路和对外交通枢纽设置恰当规模的停车场。

(6)应对停车场设置后附近的交通影响进行评估,使建设后的邻近道路服务水平维持在 D 级以下。

四、目前我国小城镇交通对小城镇生态环境的影响

(一)土地被占用、自然生态被破坏

城镇用地是不可再生资源。城镇道路等交通基础设施占用了大量的土地。同时,由于土地的占用,破坏了当地的自然生态系统,甚至一些生物的栖息地,使小城镇的生物多样性降低。我国人多地少,随着我国城镇机动车拥有量的快速增长,城镇用地会愈发紧张。

(二)能源消耗

国外的交通运输能源消耗占总能耗的比例非常高。同发达国家相比,我国目前的交通能耗占总能耗的比例还不算很高,燃油消耗中交通所占比例一般在 30% 左右,但随着交通机动化,交通系统的资源消耗比重会逐年增加。交通系统对石油等不可再生能源的过度依赖,必将对我国小城镇经济的发展产生影响。

（三）环境污染

交通系统因产生大量大气污染物而成为小城镇一氧化碳、烃类化合物、氮氧化合物的主要污染源之一。即使在环境优美的欧洲，交通污染也是相当严重的。全欧洲由道路交通产生的 CO、NO_2 分别占 CO、NO_2 总排放量的 80% 及 60% 左右。我国的车辆拥有量远比发达国家少，但由于机动车的相关标准（如机动车尾气排放标准）较发达国家低，交通对环境影响的相对程度已经接近发达国家。可以预见，我国城镇机动化发展将对城镇环境带来很大压力。

可见，小城镇的交通建设给城镇发展带来的作用是双重的，有积极的一面，也有消极的一面。关键是如何把握积极的一面。这就要求在城镇环境规划中制订小城镇的交通规划，使小城镇的交通规划符合可持续发展的交通发展战略与管理方法，引导交通结构向低环境污染和优化利用不可再生资源的合理模式转移。对城镇交通规划的环境评价可以帮助城镇交通规划分析环境影响，监督交通规划充分考虑环境，对城镇交通规划有很重要的意义。

第二节　小城镇给排水工程规划

我国绝大部分城镇均无完备的排水系统，已有的排水管渠是随着城镇的发展相继敷设的。

城镇排水工程规划根据村庄总体规划，制订排水方案，具体内容为：估算各种排水量、选择排水体制、确定污水排放标准、布置排水系统、确定村庄污水处理方式及污水处理厂的位置选择、估算村庄排水工程规划的投资。

一、城镇排水分类

城镇排水按排水性质可分为三类:雨水、生活污水、生产废水。

(一)雨水(包括雪水)

雨水、雪水一般比较清洁,但初期雨水径流却比较脏。其特点是时间集中,水量集中,如不及时排出,轻者会影响交通,重者会造成水灾。通常雨、雪水不需要进行处理,可以直接排入水体。规划时,应根据其降雨强度、径流系数、汇水面面积等,然后计算。

(二)生活污水

生活污水是指村庄居民的日常生活活动中所产生的污水。其来源于住宅、工厂的生活污水和学校、机关、商店等公共场所排出的污水。生活污水中含有大量的有机物和细菌。所以生活污水必须经过适当处理,使其水质得到一定的改善之后才能排入江、河等水体。

(三)生产废水

生产废水是人们从事生产活动中所产生的废水,包括生产污水和生产废水两种,主要来自乡镇企业、副业和畜禽饲养场等地。由于各行业生产的性质和过程不同,生产废水的性质也不相同。一部分生产废水污染轻微或未被污染,可以不经处理排放或回收重复利用,如冷却水。另一部分受到严重污染,这类废水必须经过适当处理后才能排放。城镇总排水量是雨水(包括雪水)、生活污水、生产废水三部分之和。

二、城镇排水系统的体制

对生活污水、工业废水和降水所采取的排除方式为排水体制。

城镇排水体制一般可分为合流制、分流制和截流制三种形式。

(一)合流制排水系统

目前,我国众多城镇已经兴建或正着手筹建集中污水处理厂及配套管网收集系统。这些城镇,除开发区及一些新建区采用雨、污分流排水体制外,其余地区大都采用旧合流制排水管渠系统,通过直排式合流管渠,直接将雨水和生活污水就近排入城镇水体。

我国多数城镇的旧有排水管渠系统的设计基本沿用苏联规范,而由于两国在气候、生活习惯等方面的差异,使得设计过水断面普遍偏小,雨季时街面溢水、积水现象严重;在管渠材料及施工技术方面,由于受到城镇发展水平的制约,也存在众多缺陷;另外,由于缺少城镇统一规划,排水管渠的布置杂乱无章。

1. 合流制排水体制

合流制排水体制是指使用同一个管道系统对城镇污水与降雨径流进行收集和排除的方式。按照对降雨径流和污水收集程度的不同,合流制排水系统又可分为直排式合流制、截流式合流制和完全处理式合流制三种类型。

城镇污水与降雨径流经管道收集后,不经过任何处理直接排入附近水体的合流制系统称为直排式合流制(图3-4)。这种排水体制起源于19世纪的欧洲,其主要功能是为了改善城市的公共卫生条件,设计中通常包括多个排水口,以便将雨污水就近排向水体。这种排水系统具有造价低、施工简单的特点,在早期城市建设中曾大规模使用。

2. 旧合流制排水管渠系统改造

旧合流制排水管渠系统的改造是一项非常复杂的工程。改造措施应根据城镇的具体情况,因地制宜,综合考虑污水水质、水量、水文、气象条件、资金条件、现场施工条件等因素,结合城市排水规划,在确保水体尽可能减少污染的同时,充分利用原有管渠,实现保护环境和节约投资的双重目标。

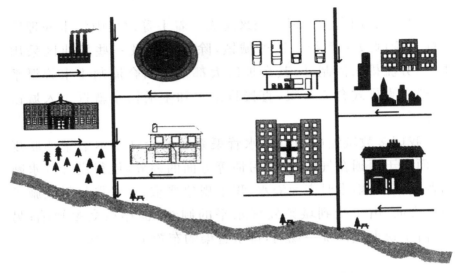

图 3-4 直排式合流制

(二)分流制排水系统

将生活污水、工业废水、雨水采用两套或两套以上相互独立的管渠系统排放的排水系统,称为分流制排水系统。其中,汇集输送生活污水和工业废水的排水系统称为污水排水系统,排除雨水的排水系统称为雨水排水系统,只排除工业废水的排水系统称为工业废水排水系统。根据雨水排除方式的不同,又分为完全分流制、不完全分流制和截流式分流制 3 种排水体制。

1. 完全分流制

完全分流制排水系统分设污水排水系统和雨水排水系统两个管渠系统(图 3-5),前者汇集生活污水、工业废水,送至处理厂,经处理后排放或利用;后者汇集雨水和部分工业废水(较洁净),就近排入水体。该体制卫生条件较好,其投资较大;可避免将城镇污水直接排入城镇受纳水体,并且在理论上可以将所收集到的污水处理到任何所期望的水平,在较大程度上保证了城镇周边水体的环境质量和卫生条件。因此,世界上许多城市倾向于采用这种完全分流制的排水体制,特别是在新城区的建设中往往成为首选排水方式和老城区排水系统改造的必选方案之一。然而,近年来国内外众多研究发现,城市降雨径流中污染物浓度水平并不低,特别是初期降雨径流中的污染物浓度通常很高,有时甚至高于生活污水中的相关污染物浓度,城市初期降雨径流所引起面源污染已成为影响城市周边水体水质的重要因素。

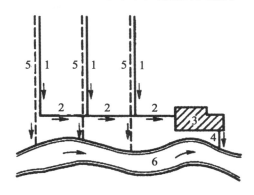

图 3-5　完全分流制排水系统

1—污水干管;2—污水主干管;3—污水处理厂;

4—出水口;5—雨水干管;6—河流

2. 不完全分流制

不完全分流制排水体制是指只建有污水管网,而没有雨水管网。城镇污水由污水管网收集并送至污水处理厂,经处理后排入受纳水体;降雨径流沿天然地面、街道边沟、水渠等明渠系统排入受纳水体(图 3-6)。显然,该种体制投资小,主要用于有合适的地形、有比较健全的明渠水系的地方,以便顺利排泄雨水。对于新建城镇或建设初期,为了节省投资或急于排出污水,先采用明渠排雨水,待有条件后,再增设雨水管渠系统,变成完全分流制系统。对于地势平坦、多雨易造成积水的地区,不宜采用不完全分流制排水系统,并且由于没有完整的雨水管网,在雨季容易造成径流污染和洪涝灾害。

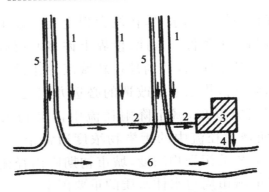

图 3-6　不完全分流制排水系统

1—污水干管；2—污水主干管；3—污水处理厂；

4—出水口；5—雨水干管；6—河流

3. 截流式分流制

截流式分流制排水体制是在完全分流制的基础上，通过在雨水管网末端设置截流井系统将初期雨水地表径流污染和误接入雨水管的污水进行截流，并输送至污水处理厂处理后排放，而中后期污染程度较轻的降雨径流则通过截流系统的溢流管直接排入水体（图 3-7）。截流式分流制可较好地保护受纳水体不受污染，且由于仅接纳初期雨水，截流管管径也小于截流式合流制管道管径，与截流式合流制相比也减少了污水处理厂的运行管理费用，是一种相对经济且环保质量较高的排水体制。

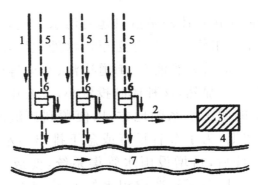

图 3-7　截流式分流制排水系统

1—污水干管；2—污水主干管；3—污水处理厂；

4—出水口；5—雨水干管；6—跳跃井；7—河流

（三）截流制排水系统

随着城镇污水排放对周边水环境的污染越来越严重，对城镇污水进行适当处理已势在必行，由此产生了截流式合流制。截流式合流制是在直排式合流制的基础上，沿河修建截流干管，在合流干管和截流干管相交前或相交处设置溢流井，并在截流干管的末端修建污水处理厂（图 3-8）。在旱季，污水全部进入污水处理厂，经处理后排放；在雨季，截流式合流制排水系统可以汇集部分降雨径流（尤其是污染物浓度较高的初期降雨径流）至污水处理厂，当雨污混合水量超过截流干管输水能力后，其超出部分通过溢流井等截流设施直接排入水体。这种排水体制在对污水进行处理的同时，还处理了部分含有较多污染物的初期降雨径流，因此可以更好地保护城镇周边的水体。但另一方面，如果雨量过大，雨污混合水量将会超过截流管的设计流量，超出的部分将溢流到城镇河道，从而对水体造成局部和短期污染；同时，由于雨季里进入污水处理厂的污水中混有大量雨水，其水质和水量均会出现明显的波动，从而对污水处理厂各处理单元的运行带来较大的冲击，并有可能会影响到污水处理厂的稳定运行，这种短时负荷冲击对污水处理厂的自动化、智能化控制水平提出了更高的要求。

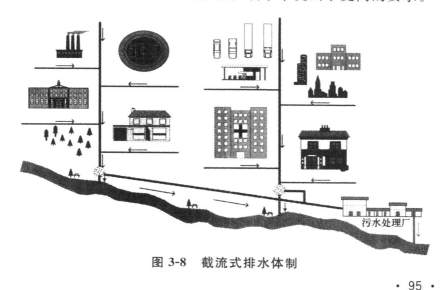

图 3-8　截流式排水体制

截流式排水体制是城镇的主要排水体制之一,特别被应用于老城区直排式合流制排水管网系统的改造。目前城镇排水管网系统研究领域所定义的合流制通常即指截流式合流制。自 20 世纪 80 年代以来,有关合流制管网溢流控制的研究得到了广泛的关注,这些研究提高了人们对截流式排水体制管网运行机理的认识,推动了截流式排水管网及其与污水处理设施的联合控制,也对城市排水系统的运行控制提出了新的要求。

三、城镇排水系统的组成

(一)城镇污水排除系统的组成

城镇污水排除系统通常是指以收集和排除生活污水为主的排水系统。在现代化住宅里,固定式面盆、浴缸、便桶等统称为室内卫生设备。这些设备不但是人们用水的器具,也同时是生活污水的排放点,是生活污水排除系统的起端设备。生活污水一般是从这些起端设备流至庭院污水管中,然后再排入街道下的污水管道。

街道下的污水管道可分为支管、干管、主干管以及管道系统上的附属构筑物。支管主要承接庭院管道内的污水,通常管径不大;由支管汇集污水至干管,然后排入城镇中的主干管,最终将污水输送至污水处理厂或排放地点。

由上可知,污水排除系统包括以下 5 个主要部分:

(1)室内(房屋内)污水管道系统及卫生设备;

(2)室外(房屋外)污水管道系统,包括庭院(或街坊内)管道和街道下污水管道系统;

(3)污水泵站及压力管道;

(4)污水处理厂;

(5)污水出口设施:出水口(渠),事故出水口及灌溉渠等。

(二)工业废水排除系统的组成

独立的工业废水排除系统包括:

（1）车间内部管道系统及排水设备；

（2）厂区管道系统及附属设备；

（3）废水泵站和压力管道；

（4）废水处理站（厂）；

（5）出水口（渠）。

下面简单了解一下贵港生态工业园与齐齐哈尔污水生态处理系统。

贵港生态工业园是以蔗田系统、制糖系统、酒精系统、造纸系统、热电联产系统、环境综合处理系统为框架，通过实施盘活、优化、提升、扩张等举措，建设生态工业园。图 3-9 为贵港生态工业园的食物网。

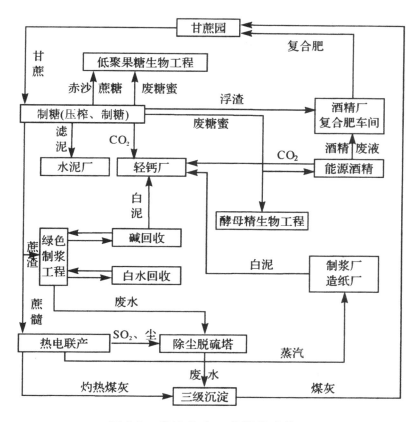

图 3-9　贵港生态工业园的食物网

　　齐齐哈尔污水生态处理系统工艺流程为：污水—明渠—格栅—泵站—厌氧塘—兼性塘—生态塘—排入嫩江。

　　齐齐哈尔市排水系统为雨污分流。市区的污水经由管道和泵站集中后通过 6.5km 长的明渠排入稳定塘中。该塘系统中的两个厌氧塘并联运行，进水采用分水闸门控制；兼性塘和生态塘串联运行，出水排入嫩江。图 3-10 为生态塘系统运行原理。

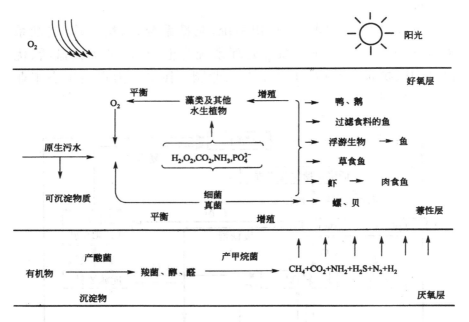

图 3-10　生态塘系统运行原理

　　在运行的过程中发现，齐齐哈尔生态塘在温暖季节具有很强的净化能力，在流入生态塘的污水中，各种污染物以较高的去除率被去除，从而使污水得到净化。从入口到出口，塘中污水的颜色依次变化为：灰—黑—墨绿—深绿—绿—淡绿—清澈透明；在塘中呈现绿色的塘水中生长有大量的微型藻类，在岸边附近水中有大量的浮游动物，如轮虫、水蚤等，被鱼和鸭、水鸟等捕食；在塘的后部水质清澈，水中生长有大量的沉水植物，如金鱼藻、茨藻、黑藻等。生态塘的最后出水 SS 和 BOD_5 达到 $5\sim10mg/L$，在 $8\sim10$ 月份出水量约为 $2\sim3mg/L$，SS 和 BOD_5 的去除率可超过 90%；合成洗涤剂和氨氮的去除率可超过 80%；木质素和锌的去除率可超过 95%；细菌的去除率超过 99%；苯酚和氰化物的去除率有些超过 90%。

（三）城镇雨水排除系统的组成

城镇的降雨径流主要来自屋面和地面，屋面上的降雨径流通过天沟和竖管流至地面，然后随地面上的降雨径流一起排除，地面上的降雨径流通过雨水口流至庭院下的雨水管道或街道下面的管道。当降雨径流自流排放有困难时，需设置雨水泵站排水。

雨水排除系统主要包括：

（1）房屋雨水管道系统，包括天沟、竖管等；

（2）街坊（或厂区）和街道雨水管渠系统，包括雨水口、庭院雨水沟、支管、干管等；

（3）雨水提升泵站；

（4）出水口（渠）。

在完全分流制排水体制中，降雨径流无需处理，就近排入水体。在截流式合流制排水体制中，初期降雨径流由房屋、街道雨水管道或管渠系统收集后，与城镇污水汇集，共同被输送至污水处理厂进行处理，在截流干管处设有溢流井，可将超过截流干管输水能力的雨污混合水直接排入水体。

四、排涝工程的规划

（一）规划布局的原则

1. 分片排涝，等高截流

高水高排、低水低排、分片排涝、等高截流是区域除涝排水系统规划的一项重要原则（图 3-11），目的在于达到区域内"高地的水从高处排出，不向低处汇集，以减轻低地排涝负担"的"分片排涝,等高截流"排涝功效。

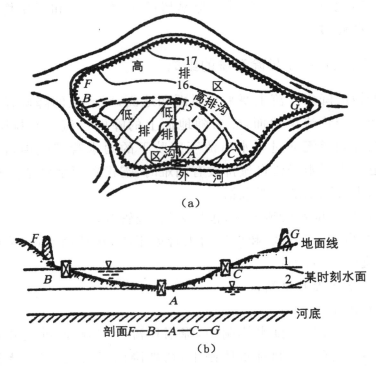

（a）

（b）

图 3-11 圩区高低分排示意图

2. 力争自排,辅以抽排

汛期,外河(江)水位一般高于城区内地面的高程,城区自排机会少,加上城区内部的蓄涝河湖有限,因此单靠自流外排与内湖滞涝一般仍不能免除涝灾威胁,需要辅以抽排。

3. 以排为主,灌排兼顾

为了达到控制地下水位的目的,灌溉渠和排水沟尽可能建立两套系统,做到"灌排分开"。而对于排涝站的布置,则尽可能地做到灌排结合,以节省工程费用和发挥工程最大效益。

4. 留湖蓄涝,排蓄结合

平原湖区在外江水位高于城区地面高程时,排涝系统及排水闸不能自流外排,此时应充分利用城区原有的湖泊洼地滞蓄关闸期间的全部暴雨涝水或部分涝水(图 3-12),以降低抽排流量,这是城区行之有效的重要除涝排水措施。

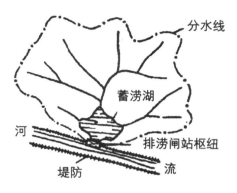

图 3-12　流湖蓄涝示意图

(二)骨干排涝系统的规划布局

1. 单一湖泊调蓄系统

单一湖泊调蓄系统主要的蓄水设施是湖泊(河网),系统内低洼区可建内排站抽水入湖,由集中的外排站抽排涝水出江(容泄区),与邻近地区没有水量交换,这种系统常用于面积不大的平原湖区或平原、丘陵相间地区存在独立封闭湖泊的情况下。湖泊周围地表的降雨径流除少部分渗透蒸发外,其余全部汇于湖中,再由外排泵站抽排出江(容泄区),其系统如图 3-13 所示。

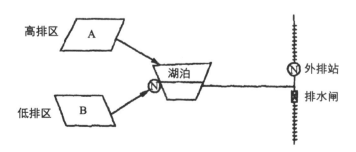

图 3-13　单一湖泊调蓄系统概化图(D1)

2. 湖泊与干沟联合调蓄系统

湖泊与干沟联合调蓄系统的蓄水设施是湖泊和干沟,湖泊、干沟间有相互联系,是一种最简单的分级调蓄系统。先由系统内的内排站将低洼地区的涝水抽入湖泊、干沟内,再由外排站抽排出江(容泄区)。蓄水设施间有水量交换。这种系统常用于地形较复杂、面积又较大的圩区。其系统概化图如图 3-14 所示。

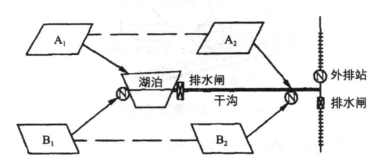

图 3-14　湖泊与干沟联合调蓄系统概化图(D2)

3. 多级联合调蓄系统

多级联合调蓄系统是一种由以上两种系统"串联"而成的多级复杂联合调蓄系统。"下级"承受"上级"来水,两者间有水量交换,它产生于地形复杂、面积较大的湖区。其系统概化图如图 3-15 所示。

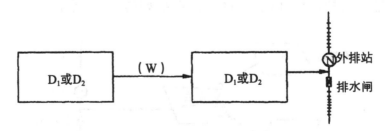

图 3-15　多级联合调蓄系统概化图(D3)

4. 多区联合调蓄系统

多区联合调蓄系统是一种由单一湖泊调蓄系统或湖泊干沟联合调蓄系统两种形式"并联"的多片的复杂联合调蓄系统。各区间有水量交换，又可独立外排，也产生于地形复杂、面积大的湖区。

（三）排涝泵站的布置

在高速的城市化进程中，河道两岸面积不断被侵占，土地硬底化后洪水汇流均以管道形式汇入河道，使河道防洪排涝的压力剧增。现实情况下，如果通过增加河道宽度以增加过流面积，达到增强河涌过流能力的措施，实施难度大，且工程成本高。以往的经验，建设一定数量的排涝泵站，对城区的排涝会起到立竿见影的效果。排涝泵站的实施是河道防洪、排涝工程整治的重要组成部分，对城市防洪排涝能力的补充和提升十分重要。

1. 排涝泵站的站点布置

城镇各个排涝分区根据区内特点布置站点时，一般情况需要考虑以下两个因素。

（1）汇流网线尽量最短，排涝泵站站点的布置应考虑排洪渠网的分布，要选择使排洪渠线最短的地点设置泵站，这样不仅可以确保排水顺畅，而且还可使排洪渠的工程量最小。

（2）泵站布点数量尽量少，为了便于管理，应尽量少设置泵站，可以发挥集中管理的优势，但也要适度控制泵站规模，避免在供电、运行管理等方面带来不便。

2. 泵站分级排水方式

（1）一级排水。一级排水是城市排水泵站的基本方式，可分为一圩一站和一圩多站的一级排水方式，如图 3-16 和图 3-17 所示。一级排水可以将涝水直接排入承泄区，根据地形的实际情况，按集中建站与分散建站的适宜条件，可以采用一圩一站或一圩多站的布置方式。

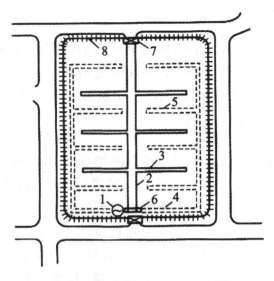

图 3-16   一圩一站布置方式

（一圩一站,集中一级排水）

1—泵站;2—排水干沟;3—排水支沟;4—灌溉干渠;

5—灌溉支渠;6—倒虹吸;7—节制闸;8—圩堤

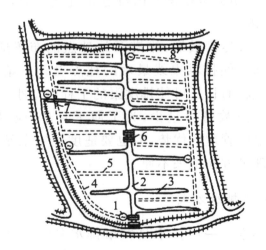

图 3-17   一圩多站布置方式

（一圩多站,分区一级排水）

1—泵站;2—排水干沟;3—排水支沟;4—灌溉干渠;

5—灌溉支渠;6—套闸;7—倒虹吸;8—圩堤

（2）二级排水。当排水区比较低洼且远离承泄区时，如果涝水无法直接排入承泄区，则需要设置二级排水。低洼地区的涝水，先由一级泵站排入调蓄区，再由二级泵站直接排入承泄区。如图 3-18 所示，内排区的涝水通过一级泵站排入湖泊，通过排洪渠将水引至二级泵站，再排入承泄区。

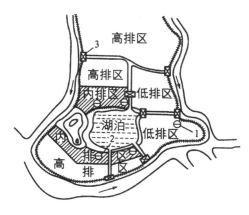

图 3-18　二级排水示意

1—外排站；2—内排站；3—排水闸

第三节　小城镇电力、电讯工程规划

一、电力工程规划

电是工农业生产的动力，也是城镇居民物质生活和精神生活不可缺少的能源，因此，供电系统对于城镇的发展建设十分重要。供电工程规划，一般以区域动力资源、区域供电系统规划为基础，调查搜集城镇电源、输电线路及电力负荷等现状资料，并分析其发展要求，对城镇供电进行统筹安排，以满足城镇各部门用电增长的要求。

（一）电力工程规划的基本内容

电力工程规划的内容与小城镇规模、地理位置、地区特点、经济发展水平（工业、农业和旅游服务业等）以及近远期规划等有关，所以应根据当地实际情况和总体规划的要求来进行电力工程规划。其内容主要包括：

（1）小城镇负荷的调查；

（2）分期负荷的预测及电力的平衡；

（3）选择小城镇的电源；

（4）确定发电厂、变电站和配电所的位置、容量及数量；

（5）选择供电电压等级；

（6）确定配电网的接线方式及布置线路走向；

（7）选择输电方式；

（8）绘制电力负荷分布图；

（9）绘制电力系统供电的总平面图。

在编制供电规划时，还要注意了解毗邻小城镇的供电规划，要注意相互协调，统筹兼顾，合理安排。

（二）电力工程规划的基本步骤

（1）收集、分析、归纳收集到的资料，进行负荷预测；

（2）根据负荷及电源条件，确定供电电源的方式；

（3）按照负荷分布，拟订若干个输电和配电网布局方案，进行技术经济比较，提出推荐方案；

（4）进行规划可行性论证；

（5）编制规划文件，绘制规划图表。

二、电源的选择

确定出电力系统的负荷及发展水平之后，如何满足负荷的需要、用户的需要，这就需要进行电力、电量平衡，电源规划设计以及电力网规划设计,其主要内容可分为以下几个方面。

(一)电源的选择

电源是电力网的核心,小城镇供电电源的选择是小城镇电力工程规划设计中的重要组成部分。选择的合理与否,对于充分利用和开发当地动力资源,减少工程建设投资,降低发电成本和电网运行费用,满足小城镇的用电需要等都有重要的作用。

(二)变电所的选址

变电所选址是一项很重要的工作,主要着眼于提高供电的可靠程度,减少运行中的电能损失,降低运行和投资的费用,同时还要考虑工作人员的运行操作安全,养护维修方便等。所以必须从技术上和经济上做慎重选择。变电所的选址应符合下列要求:

(1)接近小城镇用电负荷中心,以减少电能损耗和配电线路的投资;

(2)便于各级电压线路的引入或引出,进出线走廊要与变电所位置同时决定;

(3)变电所用地要不占或少占农田,选择地质、地理条件适宜,不易发生自然灾害的地段;

(4)交通运输便利,便于装运主变压器等笨重设备,但与道路应有一定间隔;

(5)邻近工厂、设施等应不影响变电所的正常运行,尽量避开易受污染、灰渣、爆破等侵害的场所;

(6)要满足自然通风的要求,并避免日晒;

(7)考虑变电所在一定时期内(5~10年)发展的可能;

(8)与居民区的位置要适当,要有卫生及安全防护地带。

三、确定送配电线路的电压

小城镇电力网送配电线路的电压,按国家标准主要有 220kV、

110kV、35kV、10kV、380V、220V 等几个等级。采用哪个电压等级供电适当，应作全面衡量，主要应考虑以下几点。

(一)电力线路输送容量与输送距离

在电力线路输送容量和输送距离一定的条件下，传输的电压等级越高，则导线中电流就越小，线路中功率损耗或电能损耗也就越小，这就可以采用较小截面的导线。但是电压等级越高，线路的绝缘费用就越高，杆塔、变电所的构架尺寸增大，投资就要增加。

(二)用电等级与供电的可靠性

用户的用电等级是根据其用电性质的重要程度确定的，重要用户对供电的可靠性要求高，用电等级就高。

用电负荷根据供电可靠性及中断供电在政治、经济上所造成的损失或影响程度，分为三级。一级负荷：对此种负荷中断供电，将造成人身伤亡、重大政治影响、重大经济损失、公共场所秩序严重混乱等。二级负荷：对此种负荷中断供电，将造成较大政治影响、较大经济损失、公共场所秩序混乱等。三级负荷：不属于一级和二级的用电负荷。

(三)用电设备的电压等级

用电设备的电压等级直接确定了对供电线路的电压等级要求，一般可设置与之相当的电力线路供电。当条件允许设置变配电装置，而用电的可靠性要求较高时，也可以提高一级电压等级向用户供电。

选择电网电压时，应根据输送容量和输电距离，以及周围电网的额定电压情况，拟订几个方案，通过经济技术比较确定。各级电压电力网的经济输送容量、输送距离与适用地区参见表 3-3。

表3-3 各级电压电力网的经济输送容量、输送距离与适用地区

输送容量/kw	输送距离/km	适用地区
0.1 以下	0.6 以下	低压动力与三相照明
0.1～1.0	1～3	高压电动机
0.1～1.2	4～15	发电机电压、高压电动机
0.2～2.0	6～20	配电线路、高压电动机
2.0～10	20～50	县级输电网、用户配电网
10～50	30～150	地区级输电网、用户配电网
100～200	100～300	省、区级输电网
200～500	200～600	省、区级输电网、联合系统输电网
400～1000	150～850	省、区级输电网、联合系统输电网
800～2200	500～1200	联合系统输电网

四、电力线路的布置

电力线路按结构可分为架空线路和电缆线路两大类。架空线路是将导线和避雷线等架设在露天的线路杆塔上;电缆线路一般直接埋设在地下,或敷设在地沟中。小城镇电力网多采用架空线路,其建设费用比电缆线路要低得多,且施工简单、工期短、维护及检修方便。

电力线路的布置,应满足用户的用电量及各级负荷用户对供电可靠性的要求,同时应考虑在未来负荷增加时留有发展余地。在布置电力线路时,一般应遵循下列原则:

(1)线路走向应尽量短捷。线路短,则可节约建设费用,同时减少电压和电能损耗。一般要求从变电所到末端用户的累积电压降不得超过10%。

(2)要保证居民及建筑物的安全,避免跨越房屋建筑。

(3)线路应兼顾运输便利,尽可能地接近现有道路或可行船的河流。

（4）线路通过林区或需要重点维护的地区和单位，要按有关规定与有关部门协商解决。

（5）线路要避开不良地形、地质，以避开地面塌陷、泥石流、落石等对线路的破坏，还要避开长期积水和经常进行爆破的场所，在山区线路应尽量沿平缓且地形较低的地段通过。

（6）线路应尽量不占耕地、不占良田。

五、电信工程规划

电信在国民经济发展中起着重要作用，现代化的电信网络，沟通了全国各地，加快了信息的获取，对促进工农业发展，提高人民物质文化水平，建设现代化城镇有重要的作用。

(一)电信通信的特点

电信通信包括电话、传真等，其中电话占通信业务的 90% 以上，它们的共同特点是：

（1）生产过程即为用户的使用消费过程。

（2）全程全网，联合作业。

（3）昼夜不停，分秒必争。

（4）保密性强。

（5）必须绝对保证质量。一旦发生差错或因机构设备发生障碍，不仅会使通信失效，而且会给用户直接造成一定损失。

(二)线路布置和选址

小城镇电信工程包括有线电话、有线广播和有线电视。电信工程的规划应由专业部门进行，涉及小城镇建设规划需要统一考虑的，主要是电信线路布置和站址选择问题。

1. 有线电话

电话是人类使用广泛、十分有效的通信工具，因此发展很快。

在小城镇,通常集镇一级设有线电话交换台,再向集镇内各单位用户和所属各村镇连接有线电话线路。集镇交换台通往上级电信部门的线路称之为中继线;通往用户电话机的线路称之为用户线。

(1)有线电话交换台台址的选择。在交换台台址选择时,必须符合环境安全、服务方便、技术合理和经济实用的原则,一般布置原则如下:

①交换台应尽量接近负荷中心,使线路网建设费用和线路材料用量最少。

②便于线路的引入和引出。要考虑线路维护管理方便,台址不宜选择在过于偏僻或出入极不方便的地方。

③尽量设在环境安静、清洁和无干扰影响的地方。

④地理、地质条件要好,不易发生塌陷、泥石流、流沙、落石、水害等。

⑤要远离产生强磁场、强电场的地方,以免产生干扰。

(2)有线电话线路的布置。有线电话线路的结构与电力线路相同,也分为架空线路和电缆线路两类。一般地区小城镇有线电话线路采用架空结构,在经济较发达的地区,多采用电缆线路。其布置原则如下:

①线路走向应尽量短捷,做到"近、平、直"的要求,以节省线路工程造价。

②注意线路的安全和隐蔽。要避开不良地质地段,防止发生地面塌陷、土体滑坡、水浸等对线路的破坏。

③应尽量不占耕地,不占良田。

④要便于线路的架设和维护。

⑤避开有线广播和电力线的干扰。

⑥不因小城镇的发展而迁移线路。应具有使用上的灵活性和通融性,留有发展和变化的余地。

⑦架空通信线路与其他电力线路交越时,其间隔距离必须符合有关间隔距离的要求,参见表3-4。

表 3-4　架空光缆架设高度

名称	与线路方向平行时		与线路方向交越时	
	架设高度（m）	备注	架设高度（m）	备注
市内街道	4.5	最低缆线到地面	5.5	最低缆线到地面
市内里弄（胡同）	4.0	最低缆线到地面	5.0	最低缆线到地面
铁路	3.0	最低缆线到地面	7.5	最低缆线到轨面
公路	3.0	最低缆线到地面	5.5	最低缆线到路面
土路	3.0	最低缆线到地面	5.0	最低缆线到路面
房屋建筑物			0.6	最低缆线到屋脊
			1.5	最低缆线到房屋平顶
河流			1.0	最低缆线到最高水位时的船桅顶
市区树木			1.5	最低缆线到树枝的垂直距离

注：引自《通信线路工程设计规范》（2016 年）。

2. 有线广播和有线电视

（1）有线广播站和有线电视台地址的选择。

①尽量设在靠近小城镇有关领导部门办公的地方，以便于传达上级有关指示或发布有关通知。

②应尽量设在用户负荷中心，以节省线路网建设费用，并保证传输质量。

③尽量设在环境安静、清洁和无噪声干扰影响的地方，并避免设在潮湿和高温的地方。

④要选择地理、地质条件较好的地方。

⑤要远离产生强磁场、强电场的地方，以免产生干扰。

（2）线路布置。有线广播、有线电视与有线电话同属于弱电系统，其线路布置的原则与要求基本相同。有线广播和有线电视线路的布置原则，可参照有线电话线路的布置原则执行，在此不再赘述。

第四章　小城镇生态景观规划

小城镇生态建设是为了创建一个社会文明生态化、经济循环化、自然可持续的生态体系,使小城镇成为区域生态系统的一部分,本章是从小城镇生态环境建设和园林绿地及旅游保护开发的方向来论述小城镇的生态景观规划。

第一节　小城镇生态环境建设规划

一、小城镇生态环境建设的概述

(一)小城镇生态环境建设概念

小城镇的生态规划实际上是把生态思想注入小城镇的整体规划之中,以小城镇生态的理论为指导,以实现小城镇生态系统的动态平衡为目的,为小城镇居民创造舒适、优美、清洁、安全的生存环境。所以生态规划对于小城镇生态环境建设显得尤为重要。

小城镇生态环境建设是在一个城镇的范围内,利用生态学和工程学的方法,以现有的生态环境为基础,对人类—生态—环境系统的多因素、多层次、多目标进行设计和调控,优化系统的结构和功能。在这个系统中,经济建设、社会发展和环境保护相互融合、高效发展、良性循环。小城镇生态环境建设应用景观生态学的原理和方法进行规划,以循环经济和生态产业为依托,以建设生态小城镇为目标。

加大环境治理力度是建设生态小城镇的必要条件。

(二)小城镇生态环境的特点

小城镇生态环境的特点如下:

(1)小城镇规模小,生态环境的开放度高于城市,自然性的一面更强。城市生态系统是人工化的生态系统,系统中生产者—消费者—分解者分布呈倒金字塔状,系统从外界输入物质和能量,在进行耗散的同时向外界输出废弃物,系统的运作依赖于外环境输入和接受废弃物的能力等因素。

(2)小城镇由于历史及经济水平的限制,生态环境没有明确的规划,处于自发或被动状态。小城镇的发展历史及性质不同,生态环境状况也有很大的差异,在历史上以旅游为主的城镇生态环境质量是保持最好的一类,交通枢纽型城镇更注重服务设施的完善,基础设施系统的完备对生态环境的保护具有一定的促进作用。

(3)现代的中国小城镇是农村城镇化的产物,一方面农村人口向小城镇集中,一方面城市由于环境问题和产业结构而转移出劳动密集型或污染型行业向小城镇集中。

(4)环境保护没有引起高度重视。市、县、乡政府只重视经济建设忽视环境问题,小城镇的环境管理没有提上重要议事日程;由于环境容量相对较小,不严格控制源头污染,容易出现严重的环境问题;污染防治基础设施建设严重不足,生活污水、垃圾处理设施相当落后;农村区域性、流域性、跨地区性环境污染影响农村社会稳定,所取得的经济价值不能抵消长远的负面影响;城镇地表水、地下水资源污染严重。

二、小城镇生态环境建设规划的原理和方法

(一)小城镇生态环境规划的任务

小城镇的生态规划是根据一定时期小城镇的经济和社会发

展目标,以小城镇的环境和资源为条件,制定小城镇生态建设的方向、规模、方式和重点的规划。小城镇的生态环境规划是小城镇生态建设、环境管理的基本依据,是保证合理的生态建设和资源合理开发利用及正常的生活、生产的前提和基础,是实现小城镇可持续发展的重要手段。

(二)小城镇生态环境建设规划的原则

生态环境是经济发展的重要条件之一,城镇生态系统是一个复合的生态系统,包括社会的和经济的要素,同时又与区域的生态系统密切联系,生态环境的好坏直接影响城镇的发展方向和速度。小城镇的发展不能脱离水、土地、能源、资源和环境而独立存在。因此,小城镇的生态建设应遵循如下的原则。

1."以人为本,生态优先"的原则

"以人为本,生态优先"是在生态问题日益成为阻碍经济发展和社会进步的情况下形成的一种新的生态观、伦理观,是正确处理生态与发展关系的前提条件。确立优化环境的资源观念,改变粗放的发展模式,建设生态化城镇。

2.正确处理社会、经济和环境的关系

发展的目标是实现人类或区域社会福利的最大化,社会的进步是目的,环境的优化是保障,经济的发展是手段。所以小城镇的生态环境建设要在保证生态系统物质循环和能量流动平衡的前提下,坚持环境建设、经济建设、城镇建设同步规划、同步实施、同步发展的方针,实现经济效益、社会效益与生态效益的统一。

3.立足实际,发扬特色

根据区域生态建设的总体要求,密切结合区域资源、环境特点,统筹规划,形成具有区域特色的和弹性的生态环境系统。

4. 污染防治与生态建设并重

坚持污染防治与生态环境保护并重、生态环境保护与生态环境建设并举。预防为主、保护优先,统一规划、同步实施,努力实现城乡环境保护一体化。

5. 突出重点,统筹兼顾

以建制镇环境综合整治和环境建设为重点,既要满足当代经济和社会发展的需要,又要为后代预留可持续发展空间。

6. 开发与保护

坚持将城镇传统风貌与城镇现代化建设相结合,自然景观与历史文化名胜古迹保护相结合,科学地进行生态环境保护和生态环境建设。

7. 统一性原则

坚持小城镇环境保护规划服从区域、流域的环境保护规划。注意环境规划与其他专业规划的相互衔接、补充和完善,充分发挥其在环境管理方面的综合协调作用。

8. 坚持前瞻性与可操作性的有机统一

既要立足当前实际,使规划具有可操作性,又要充分考虑发展的需要,使规划具有一定的超前性。

(三)小城镇生态环境规划的特点

小城镇的生态规划是将生态学的思想和原理渗透于城市规划的各个方面,使城市规划生态化,同时关注城市的社会生态、城市生态系统的可持续发展。小城镇生态规划是在小城镇总体规划基础上进行的专项规划,城市总体规划为小城镇生态专项规划确定了方向和指标,同时小城镇生态规划又是一项综合性的工作,小城镇的生态建设以良好的市政基础设施和经济发展模式为依托,完善的小城镇生态规划要辅以基础设施规划、经济发展规划。

(四)小城镇生态环境建设规划的主要内容

小城镇是农村系统向城市系统演化过程中的一个阶段,与城市系统相比在规模、结构和功能等方面都要简单得多,生态方面比城市也更接近于自然状态。因而在城镇生态环境建设规划中要结合城镇的特点加强资源、环境和生态的规划与管理。通过合理的规划布局和规划产业结构的调整,改善资源的利用情况,控制小城镇发展对生态环境干扰的强度,增强和完善环保设施及绿化状况,防治环境污染。

小城镇生态环境建设规划的主要内容如下。

1. 基本概况

介绍规划地区自然和生态环境现状、社会、经济、文化等背景情况,介绍规划地区社会经济发展规划和各行业建设规划要点。

2. 现状调查

现状调查是规划的基础,包括区域现状调查和小城镇现状调查,调查的具体内容如下:地形图、自然条件、主要的产业及工矿企业状况;历史沿革、性质、人口和用地规模、经济发展水平;基础设施状况;主要风景名胜、文物古迹、自然保护区的分布和开发利用条件;三废污染状况;土地开发利用情况;有关经济社会发展计划、发展战略、区域规划等方面的资料。

3. 环境功能区划分

根据土地、水域、生态环境的基本状况与目前使用功能、可能具有的功能,考虑未来社会经济发展、产业结构调整和生态环境保护对不同区域的功能要求,结合小城镇总体规划和其他专项规划,划分不同类型的功能区,并提出相应的保护要求。

4. 生态环境质量预测与规划目标

分析小城镇的土地利用、水资源、经济、交通、市政等发展规划,预测人口规模、城镇规模、经济规模,进而分析环境污染和生态破坏的发展趋势和强度。

5. 制订小城镇生态环境建设和规划的方案

首先要确定环境保护目标,再确定生态建设的规划方案。生态环境建设不仅要有良好的自然生态系统,还要有设计和运行良好的市政基础设施的协助,才能全面实现生态环境的保护和建设,所以生态环境建设规划方案包括以下几方面的内容,并结合资源能源规划、产业发展规划、科技发展规划统筹进行。

各专业规划要首先确定保护目标和控制目标,调查现状并预测发展趋势,提出相应的治理措施。

(五)小城镇的生态滨水设计

1. 工作方法

工作方法主要是针对规划设计红线内,场地基本认知的描述,一般采用麦克哈格的"千层饼"模式,以垂直分层的方法,从所掌握的文字、数据、图纸等技术资料中,提炼出有价值的分类信息。具体的技术手段包括:历史资料与气象、水文地质及人文社会经济统计资料;应用地理信息系统(GIS),建立景观数字化表达系统,包括地形、地物、水文、植被、土地利用状况等;现场考察和体验的文字描述和照片图像资料。

2. 过程分析

过程分析这是生态化设计中比较关键的一环。在城市河流景观设计中,主要关注的是与河流城镇段流域系统的各种生态服务功能,大体包括:非生物自然过程,有水文过程、洪水过程等;生物过程,有生物的栖息过程、水平空间运动过程等,与区域生物多样性保护有关的过程;人文过程,有场地的城市扩张、文化和演变历史、遗产与文化景观体验、视觉感知、市民日常通勤及游憩等过程。过程分析为河流景观生态策略的制定打下了科学基础,明确了问题研究的方向。

3. 现状评价

以过程分析的成果为标准,对场地生态系统服务功能的状况进行评价,研究现状景观的成因,及对于景观生态安全格局的利害关系。评价结果给景观改造方案的提出提供了直接依据。

4. 模式比选

生态化设计方案的取得不是一个简单直接的过程。针对现状景观评价结果,首先要建立一个利于景观生态安全,又能促进城镇向既定方向发展的景观格局。在当前城市河流生态基础普遍薄弱,而且面临诸多挑战的前提下,要实现城河双赢的局面,就要求在设计上应采取多种模式比选的工作方式,衡量各方面利弊因素。

5. 景观评估

在多方案模式比选的基础上,以城镇河流的自然、生物和人文三大过程为条件,对各方案的景观影响程度进行评估。评估的目的是便于在景观决策时,选择与开发计划相适应的模式比选的工作方式,这可以为最终的方案设计树立框架。

6. 景观策略

在项目设计中,则根据前期模式制定条件,提出针对具体问题的景观策略和措施,由此可以最终形成实施性的完整方案。

以上六步工作方法是渐进式的推理过程,其中每一步骤的完成都能产生阶段化的成果,即使没有最终的实施策略,之前的阶段成果也能为城镇河流景观的生态化战略提供有指导性的建议。

三、小城镇生态环境建设规划案例

这里的案例选自中国城镇规划学会专家咨询组与温州市城镇规划管理局共同完成的"温州市域城镇生态环境规划研究与对策"附件一"温州市(域)生态分区及控制导则",内容含市域整个城镇生态系统。

(一)生态分区规划的作用分析

城镇市域生态分区是城镇生态规划的主要内容之一,通过生态功能区划分,可以针对各功能区划特点、要求,对各功能区划的生态环境在城镇规划建设中加以适宜控制和保护,特别是对生态保护区和生态敏感区,提出强化的保护对策,以保护和建设城镇良好的生态环境,确保城镇经济、环境社会的协调发展。温州的城镇建设完全按照生态环境建设规划来实施(图4-1)。

图4-1 温州晚霞下的瓯江及沿岸建设

(二)生态分区制定的原则

"温州市域生态分区"主要采取以下 6 条原则。

1. 自然条件类似原则

按自然环境、资源状况的相似性划分区域,有利于区域的系统性、整体性的发挥。而且,类似的自然条件便于制定区域生态环境保护和发展政策。

2. 土地利用一致原则

即现状土地使用性质大体一致。不同的历史文化背景、不同的经济基础造成了土地利用方式的差别,进一步影响了土地的产出效益,分区时应考虑这一人文要素。

3. 经济发展趋同原则

区域自然条件的不同,历史文化的不同,所形成的经济基础不同,而经济水平相近的区域,发展方向趋同。

4. 生态问题类同原则

不同的区域具有不同的现状特征,有不同的发展目标和制约因素,自然产生不同的生态问题,所需制订的方案和对策必然不同,分区时应考虑已产生或即将产生的生态环境问题。

5. 局部和整体关系和谐原则

整体控制全局,局部突出地方特色,分区的同时应兼顾全局,突出局部特征,并协调好整体和局部的关系。

6. 区划宜于操作管理原则

分区的划定兼顾行政界线,有利于地方有关部门的操作管理和实施。

以上六条原则互为依据,互相制约,相辅相成,缺一不可。只有权衡利弊,综合考虑才能增强研究的科学性。

(三)生态分区划分因子结构

表 4-1 为温州市域生态分区规划中的分区因子结构表。

表 4-1　温州市域生态分区规划的分区因子结构表

	考虑因素	包括内容
生态分区 条件分析	经济发展状况	国民生产总值、第一产业比重、第二产业比重、第三产业比重,市场旅游状况
	自然条件	地形、地貌、工程地质
	资源条件	土地资源、风景资源、海洋资源、水资源
	人口分布	人口密度、城市化水平、城镇分布
	环境质量	环境污染
	基础设施	交通、基础建设完善

生态因素:包括环境和部分社会因子,如:城镇环境(包括人与环境关系)、历史文化构成、市场发育、旅游结构等;

经济因素:包括人口概况、城镇分布及城镇化水平、经济发展现状等;

自然因素:包括自然条件和资源条件,如:地形地貌、地质地震、土地资源、水资源、风景资源、海洋资源等。

(四)生态分区划定及生态分区区划图

温州市域生态规划依据生态分区划定原则及相关要素综合排序分析,划分市域四个片区。

1. 东北部风景名胜生态保护区

界限:以永嘉县为主,包含乐清市区和瑞安市的山区部分。

自然生态条件:地形地貌一致,属山区工程地质,坐落在北西向的石平川—瓯江口断裂带上。风景资源丰富,景区面积大（图 4-2）。环境质量尚好，无大污染源，主要以生活污染为主。

图 4-2　乐清市中西部的淡溪镇风光

土地利用现状：包含林地、耕地、园地、居民点、工矿区、交通用地、水域及未利用土地等七种类型。土地资源利用以林业为主，林业创造的产值是总产值的 60％以上。土地开发潜力较高，尚有发展的余地。

经济发展水平及潜力：产业布局结构类似，在 GDP 中比重逐渐提高的经济指标为第三产业的产值，其中，以旅游创汇为主。该区旅游市场的开发历史悠久，国内外知名度较高，旅游资源的开发建设日趋完善。因距机场、港口、国道均较近，紧邻城镇人口密集地带，基础设施比较完备、交通条件较好，拥有众多的客源，极具吸引游客的能力，旅游市场看好。

局部带动整体，整体突出局部：根据自身特色和主要功能划定区域，有助于突出特色，完善整体功能。楠溪江风景区以其纯天然景观、景点多而著称，属温州市的王牌景点。该区横跨或邻接著名的南、中、北雁荡山区，有利于旅游网络的形成。

2. 西南部生态保护区

界限：以泰顺县、文成县为主（以扶贫为重点），包括苍南的西部山区(图 4-3)。

自然生态条件:地形地貌一致,属山区工程地质,坐落在北西向的李山—平阳断裂带上。山区面积大,人口少,自然条件较好,环境质量良好,无大污染源。

图 4-3 文成县西坑镇

土地利用现状:以林业为主,两县林业创造的产值约合总产值的 68.8%,未利用土地面积 180.1km²,在温州市域未利用土地范围内占 22.9%,但受地形所限,仅适于进一步开展林业,并改善运输系统。

经济发展水平及潜力:两县总产值在市域处劣势,各县第一产值、第二产值在县域总 GDP 中所占比重相当,不足 30%,第三产业所创产值略高,不足 50%,第三产业的比重有待提高。

保护与发展相协调:泰顺与文成地处山区,人口稀少(泰顺为191 人/km²,文成为 287 人/km²),原始森林集中,珍稀生物品种多,且保存完好,该区的划定有助于保护生态环境,发展生态旅游业,维持生物多样性。

3. 东部沿海平原城镇化地带(平原城镇密集地带)

界限:以沿海三江地带为主(城镇化地区),包含乐清、市区、瑞安、平阳和苍南的平原部分。

自然生态：属平原工程地质，坐落在地震裂度6度设防区。以人文景观为主，环境质量较差，各级污染集中地区，包含工业污染、交通污染和生态污染等。污染种类囊括了固、液、气三态。

土地利用现状：以耕地、居民点及工矿区、交通用地、水域及未利用土地等类型为主。土地资源利用以农业为主，农业创造的产值达总产值的72%。建设用地聚集，用地紧张，土地开发潜力较低。

经济发展水平及潜力：各产业创产值以第三产业为主，尤其是市场发育较好，第二产业产值比重比较稳定，起伏较小。市域内基础设施最完备，交通条件最好，与外界的流通比较方便。

区域一体化：五大平原县区的发展应注重整个平原区域的整体性，以此为目标制定各分县的行动纲领，互为补充，互相促进，实现各项功能体系化，如市场体系化、交通体系化等。

4. 海域岛屿的海洋生态保护区

界限：以温州市东南沿海滩涂及海域岛屿为主。

自然生态条件：该区因地处沿海受海洋气候影响较大，环境质量尚好，而且该区属海洋生态系统，自净能力和环境容量较大。三江口岸水流缓慢，土壤不断淤积，海涂区域呈扩大趋势。

土地利用现状：岛屿陆域总面积为171.69km²，滩涂约合494km²。已开发利用的区域较少，主要是港口、渔业和养殖业用地。土地开发潜力较高，有一定发展余地。

经济发展水平及潜力：该区经济以海洋经济为主，但处在起步阶段，目前的开发状况是种植、开发盐田、海水养殖，基本上以第一产业为主，大部分土地尚待开发利用，是温州市主要的后备资源（图4-4）。

上述四个片区各具特色，各自面对的矛盾也不尽相同，规划应该根据实际情况，区别对待，并制定相应的对策，在充分发展经济的同时，实现人与环境的完美结合。

图 4-4 温州市沿海地带

第二节 小城镇园林绿地及 旅游资源保护开发

一、小城镇园林绿地规划

(一)园林绿地规划的原则

编制小城镇园林绿地系统规划一般应遵循以下基本原则。

1. 整体部署,统一规划

我国现有的耕地不多,用地紧张,因此在考虑城镇园林绿地布局时,应整体部署,统一规划。在规划时,要使园林绿地规划与工业区布局、公共建筑布局、居住区详细规划、道路系统规划等密切配合、协作。

2. 结合现状,因地制宜

我国地域辽阔,城镇的自然条件差异很大,各地区的风俗习惯、历史文化、经济条件和社区发展水平各不相同,城镇的大小、布局、形式各有特点,绿化的标准选择也不一样,因此,园林绿地系统规划要从小城镇的实际情况出发,切忌生搬硬套。

3. 植物配置,适地适树

我国土地辽阔,土壤、气候和环境条件等各不相同,故树木种类繁多、生态特性各异。因此,树种选择要从地区的实际情况出发,根据树种特性和不同的生态环境,因地制宜进行树种规划。

4. 远近结合,突出特色

根据城镇的经济实力、施工技术条件以及项目的轻重缓急,做出近期安排,制订长远目标,使总体规划得以逐步实施。如远期规划为公园的地段,近期可作为苗圃,既为将来改造公园创造条件,又可起到控制用地的作用。

5. 点、线、面相结合,均衡布局

园林绿地系统是构成小城镇总体布局的重要元素之一,规划时应结合其他功能用地的规划布置,统筹安排、均衡分布,与总体功能布局和自然环境条件相协调。城镇内各类各级绿地,如综合性公园、小区绿地、街头绿地、滨河绿地、防护绿地、生产绿地、道路绿带和各种附属专用绿地等要相互连成网络,有机配合,做到点、线、面相结合,构成多层次、多类型的完整系统,以充分发挥绿地的生态功能,丰富镇区景观,改善小气候。

6. 统筹安排,近远期规划相结合

考虑城镇建设和人口规模不断扩大的因素,需要合理制定分期建设规划,确保在小城镇发展过程中,能够保持一定水平的绿地规模,使各类绿地的增加速度不低于城镇发展的速度。随着人们生活水平的逐步提高,对环境绿化的需求也逐渐加大,因此,在规划中不能只看眼前利益,应留出一定的空间,为今后的绿地建设提供条件。

7. 利于管理,创造经济效益与社会效益

园林绿化要考虑有利于经营管理,在发挥游憩、环保、美化等作用的前提下,要从绿化的主题、功能、植物种类方面多做文章,使其在产生良好的环境效益的同时,充分发挥经济与社会效益。

综上所述,小城镇绿地系统规划应做到:点、线、面结合,大、中、小结合,集中与分散结合,重点与一般结合,近期与远期结合,绿地规划与其他用地规划结合。

(二)园林绿地的类型

目前,国内外园林绿地的分类方法各不相同,有的按所处位置分类,有的按功能用途分类,有的按面积规模分类,有的按服务范围分类。根据我国各城市实际情况,按功能分类比较符合实际,有利于绿地的详细规划与设计工作,也便于反映各城镇的园林绿化特点,其具体分类如下。

1. 公共绿地

公共绿地是指向公众开放的具有一定游憩设施的绿地,可以供人们游览、休息、娱乐并且可以美化城镇环境。它包括综合性公园、古典园林、儿童公园、带状绿地、小游园等。

2. 生产绿地

生产绿地是指为园林绿化提供苗木、花卉、种子等植物材料的生产基地,包括苗圃、花圃、茶园、果园、竹园、林场等,常位于土壤、水源较好,交通方便的地段,以利植物培育和运输。有些生产绿地也可定期开放供游人参观游览。

3. 防护绿地

防护绿地是指用于隔离、卫生和安全的防护林带及绿地。主要具有改善城镇自然条件、卫生条件、通风条件并能防御风沙的功能。

4. 专用绿地

专用绿地是指具有专门用途和功能要求的绿地,它是专属某一部门或单位使用的不对外开放的绿地。

小城镇参与建设用地平衡的绿地仅包括公共绿地、生产绿地和防护绿地。

(三)园林绿地的指标与规划指标

判断一个城镇绿化水平的高低,或者评定是否是"园林城镇""花园城镇",首先是要看城镇拥有绿地的数量;其次要看绿地的质量;最后要看绿化效果,即自然环境与人工环境的协调程度。一般有以下几个指标。

1. 园林绿地的指标

(1)小城镇公共绿地比例。是指小城镇公共绿地占建设用地的比例。中心镇、一般镇为 $2\%\sim6\%$,邻近旅游区及现状绿地较多的镇,其公共绿地所占比例可大于 6% 。

(2)人均公共绿地。是指居民平均每人拥有公共绿地面积。如集镇的人均公共绿地按下列公式计算:

人均公共绿地(m^2/人)=镇区公共绿地总面积/镇区总人口

(3)绿地率。是指城镇中各类园林绿化用地总面积占城镇总用地面积的比例。

$$绿地率(\%)=\left[\frac{城镇园林绿化用地总面积}{城镇用地总面积}\right]\times100\%$$

环境学家认为,当城镇绿地率达到 50%以上时,才能提供舒适的休养环境。建设部有关文件规定:城乡新建区绿化用地面积应不低于总用地面积的 30%;旧城改建区绿化用地面积应不低于总用地面积的 25%。

(4)绿化覆盖率。是指各种植物垂直投影面积在一定用地范围内所占面积的比例。

绿化覆盖率(%)=(各类植物覆盖总面积/用地面积)×100%

绿化覆盖率虽不是用地指标,但它是衡量绿化环境效能的重要指标。此外,据林学方面的研究表明,一个地区的绿化覆盖率至少应达到 30%以上才能起到改良气候的作用,所以从环境保护的角度出发,绿化覆盖率以不低于 30%为宜。

2. 园林绿地规划指标的确定

2001 年《国务院关于加强城市绿化建设的通知》提出:到 2005 年全国城市规划建成区绿地率达 30%以上,绿化覆盖率达 35%以上,人均公共绿地面积达到 8m² 以上,城市中心区人均公共绿地达到 4m² 以上;到 2010 年城市规划建成区绿地率达 40%以上,人均公共绿地面积达到 8m² 以上,城市中心区人均公共绿地达到 6m² 以上。由于各地的经济、社会发展状况和自然条件差别较大,应根据当地的实际情况确定不同的绿化目标。上述指标是根据我国的实际情况,经过努力可以达到的水平标准,但距离满足生态环境需要的标准还相差甚远,它"只是规定了指标的下限",因此小城镇的绿化指标可参考《城市绿化规划建设指标的规定》和《城市道路绿化规划与设计规范》,并结合本地区的自然、社会、经济、环境保护等方面的实际需求来制定,但指标不应低于上述标准。

(四)园林绿地系统的规划布局

园林绿地系统布局是小城镇园林绿化的内在结构与外在表现的综合体现,其主要目的是使各类园林绿地合理分布、紧密联系,形成有机结合的园林绿地系统。

一般情况下,小城镇绿地系统的布局有块状、带状、楔状和混合式等基本布局形式。在规划中,绿地布局首先应从功能上考虑,而不是从形式上去考虑。

1. 块状绿地布局

块状绿地布局,可以做到分布均匀,接近居民,但对构成城镇整体的艺术面貌作用不大,对改善城镇小气候的作用也不显著。

2. 带状绿地布局

这种布局多数是利用河湖水系、城镇道路、旧城墙等因素,形成纵横向绿带、放射状绿带与环状绿地交织的绿地网。带状绿地的布局容易表现城镇的艺术面貌。

3. 楔形绿地布局

形状由宽到狭的绿地,称为楔形绿地。一般都是利用河流、起伏的地形、放射干道等结合防护林来布置。优点是可以改善城镇小气候,利于表现城镇的艺术面貌。

4. 混合式绿地布局

这是上述三种绿地形式的综合运用,可以做到城镇绿地点、线、面的结合,组成较完整的体系。其优点是可以使居住区获得最大的绿地接触面,方便居民游憩,有利于小气候的改善,有助于城镇环境卫生条件的改善及美化城镇。

规划时在合理选择布局形式的基础上,还应考虑以下几点:

(1)根据城镇的地形、地貌、水文等情况,充分利用现有河流、湖泊、水库等水体,为居民提供理想的亲水、近绿空间。

(2)尽可能利用破碎地形和不宜建筑的地段布置绿地,这样既能充分利用原有自然条件,节约用地,又能达到良好的绿化、美化效果。

(3)应根据城镇的性质、气候、地形等条件科学绿化,为城镇服务的同时,突出城镇特色。如南方城镇夏季湿热,绿地应以遮阳、降温、改善小气候为主;北方受风沙影响较大的城镇及地区,绿地应着重以防风固沙和水土保持为主,强化生态环境的保护;旅游小城镇的绿地是城镇赖以存在和发展的基础,应加大投资,完善规划,明确方向,做足特色,打造旅游品牌。工业小城镇,特别是有一定污染的城镇,应重视污染防护林地的建设,增加生产防护绿地的比重。

(五)园林绿地系统规划的基础资料及文件编制

1. 基础资料

为进行城镇园林绿地规划,需要收集较多的资料,在实际工作中常依据具体情况有所增减。一般除收集有关城镇规划的基础资料外(历代地方志、新中国成立以来有关方针政策),还需要下列基础资料。

(1)自然资料。

①地形图。图纸比例为 1∶5000 或 1∶10000,通常与城镇总体规划图的比例一致。

②气象资料。包括历年及逐月的气温、湿度、降水量、风向、风速、霜冻期、冰冻期及冻土层厚度。其中温度包括逐月平均气温、极端最高和极端最低气温及最高气温与最低气温的持续时间。湿度包括最冷月平均湿度,最热月平均湿度,雨季、旱季月平均湿度。降水量包括逐月平均降水量和年平均降水量。风向、风速包括夏、冬季平均风速及主导风向、全年风向。

③土壤资料。包括土壤类型、土层厚度、土壤物理及化学性质(土壤的酸碱性),不同土壤分布情况,地下水位深度、冰冻线等。

(2)社会条件及人文资料调查。掌握地方区域规划、城镇规划、城镇概况、城镇人口、面积、土地利用、城镇设施、法规等;了解城镇的性质;了解规划建设用地标准的各项指标,规划人均建设用地指标,规划人均单项建设用地,规划建设用地结构。

（3）城镇环境质量调查。了解掌握城镇各种污染源的位置，污染范围，各种污染物的分布浓度及自然灾害程度。

（4）植被资料。当地现有园林绿化植物的种类及适应程度（包括乔木、灌木、露地花卉、草类、水生植物等），附近地区及城镇的植物种类和适应情况。

（5）绿地现状资料。

①现有各种绿地的位置、范围、面积、性质、质量、可利用程度及各类绿地用地比例；

②绿地率、人均绿地面积、绿化覆盖率现状及现有各类公共绿地平时及节假日的游人量；

③名胜古迹、重大事件发生地、历史名人故居、各种纪念地的位置、范围、面积、性质、周围可利用的程度；

④现有河湖水系的位置、流量、流向、面积、深度、宽度、水质卫生情况及可利用程度；

⑤适于绿化而又不宜修建建筑的用地位置、面积；

⑥当地苗圃面积，现有苗木种类、规格、数量及生长情况；

⑦郊区绿化情况。

2.文献编制

城镇园林绿地规划的文件编制工作，包括绘制图纸及编写文字说明。通常可选用几个规划方案进行分析评审，经过讨论修改定案，并报各有关部门，待批准后，作为执行依据。

（1）图纸部分。包括城镇绿地现状分析图、城镇园林绿地系统规划图、城镇园林绿地近期规划图和城镇园林绿地规划分期实施图。

图纸比例可用 1∶1000、1∶3000、1∶5000 和 1∶10000 等。

图纸内容应标明现状与规划的各类绿地的名称、面积、分布情况。

图上应附有主要技术经济指标。

（2）文字部分。包括城镇概况，绿地现状，城镇园林绿地规划原则,布局形式,规划后的各种技术经济指标、定额,城镇绿地总造价的估算,投资来源及分配和分期实施计划等。

(六)园林绿地的树种规划

树种规划是城镇园林绿地系统规划的一个重要内容,它关系到绿化成效的快慢、绿化质量的高低以及绿化效应的发挥等。

1. 选择观赏价值高的乡土树种

乡土树种对当地土壤、气候等自然条件适宜性能好,具有抗性强、抗病虫害、苗源广、易成活等特点,能体现地方风格,宜作为城镇绿化的骨干树种。对已有多年栽培历史,已适应当地土壤、气候条件的外来树种也可适当选用。为了丰富植物种类及绿化景观,可以有计划地引种一些本地缺少而又能适应当地环境的经济价值和观赏价值高的树种,但必须经过引种驯化的试验,才能推广使用。

2. 选择抗性强的树种

抗性强是指对土壤、气候、病虫害以及烟尘、有毒气体等不利于植物生长的因素适应性强,且易栽培、易管理的树种。绿化建设时应尽可能选择抗性强的树种。

3. 速生树与慢生树相结合

速生树种早期绿化效果好,容易成荫,但寿命较短,如杨树、桦树等。往往在 30 年后就开始衰老,需要及时更新和补充,否则将影响城镇绿化的效果。慢生树如樟树、柏树、银杏等,早期生长较慢,三四十年后才见效,但寿命长。因此,在进行树种规划时必须注意速生树种和慢生树种的合理搭配。新建城镇应以速生树种为主,搭配一部分慢生树种,有计划地分期、分批逐步过渡。

二、小城镇旅游资源保护开发

(一)旅游资源开发的概述

1.旅游开发的主要任务

(1)历史任务。旅游开发的首要历史任务就是促使旅游系统的进化。旅游系统的进化即旅游现象的内部关系由简单到复杂、由低级向高级的上升性演化,它主要有两大标志,一是旅游系统的发展方向与人类社会的价值指向日趋一致;二是旅游系统内部的组织性、功能整合性日渐提高。

(2)现实任务。旅游开发是为实现既定的旅游发展目标而预先谋划的行动部署,是一个不断地将人类价值付诸行动的实践过程。旅游开发的依据是建立在未来的不确定性的基础上,建立在对现有"旅游关系之和"尚未完全认识的基础上的。在目前情况下,我国应集中有限资源,确保完成以下几项任务。

①合理配置旅游资源。资源是发展旅游的基础,市场是发展现代旅游的手段,效益是发展旅游的目的。旅游资源及相关资源,必须在市场条件下实现合理配置。

②提升旅游"产品"的质量。旅游作为一个完整的经历,其质量与获得该旅游经历所需花费的经济与时间代价,所形成的性能、代价比之优劣,是实现旅游市场交换的根本性因素。

③落实相关部门间的协作。从一流的旅游"产品"开发设计,到生产出一流的旅游"产品",还有赖于相关生产资料、生产者和资金三方面的状况。旅游开发的又一重要任务,是根据旅游发展的专门需要,通过开发手段,合理调动社会经济系统中已有的支持力量,或组建新的支持力量。

④保障旅游可持续发展。旅游可持续发展是以保持生态系统、环境系统和文化系统完整性为前提,在保持和增加未来旅游

发展机会的条件下所实现的现时的旅游发展。

2. 旅游开发的主要内容

(1)旅游开发的基本内容。根据开发实施的作用、性质、操作途径的要求,旅游开发的主要内容一般包括:

①直接管理的约束性内容。

- 旅游发展的目标与指标体系;
- 旅游资源评价;
- 劳动教育科技公共投资项目;
- 安排容量开发与旅游流调节。

②委托或联合管理的约束性内容。

- 环境保护与生态保护开发(环保、农业、林业);
- 文化保护与社会发展开发(文化、社会事业发展);
- 旅游区区划与调整土地利用关系(土地、开发);
- 旅游市场维护与管理(工商、公安、旅游);
- 投资与资金筹措(经委、招商、旅游);
- 形象与营销(宣传、城建、旅游);
- 道路与交通(城建、旅游);
- 安全防灾(公安、消防、水利、林业);
- 基础设施安排(城建、开发)。

③引导性内容。

- 产业政策、竞争战略等;
- 区位分析、市场调查与预测等;
- 旅游产品(经历)、体系开发(游览观光项目、娱乐项目、旅游接待、购物、游览线路组织)。

(2)旅游开发的特征。旅游开发和其他类型的开发相比较,主要具有下述特征,即系统性和综合性、层次性和地域性、基础性和前瞻性。

①系统性和综合性。旅游开发从字面上看,即"对旅游的开发",这里的旅游指现代旅游系统,因此,旅游开发的内容理应包

括与旅游系统及其发展谋划有关的全部方面。旅游系统及其发展所涉及的部门、因素繁多,按照人们普遍接受的从旅游综合体的角度界定的"三要素论"的划分,旅游活动是由旅游者(旅游活动的主体)、旅游资源(旅游活动的客体)和旅游业(旅游活动的媒介)三个要素构成的;按照从旅游活动角度界定的"六要素论"的划分,旅游活动是由食、宿、行、游、购、娱六个要素构成的。旅游开发就是在综合分析各部门和各要素发展历史和现状的基础上,提出区域旅游系统的发展目标及为实现既定目标的行动部署,因此旅游开发具有较强的系统性和综合性。

②层次性和地域性。任何一个旅游开发都是针对一个具体区域的开发,旅游开发应针对具体地域范围而有所不同,但不同地域层次的开发之间应是相互联系、相互制约和相互转化的关系,较小区域的开发应该遵循和符合较大区域开发的部署和安排。

③基础性和前瞻性。旅游开发工作本身,需要收集大量的基础性资料,需要对影响旅游地发展的自然、社会、经济背景等方面的基本情况进行详细的调查、分析,特别是对开发范围内的旅游资源状况、旅游产品的可能市场需求要认真进行研究。上述工作为旅游开发前期的基础性工作,此项工作的认真扎实与否直接影响旅游开发的质量。同时,旅游开发一般要求对旅游地近期(5年以内)、中期(5～10年)、远期(10～15年)三个阶段的发展目标和行动计划做出部署、安排和开发,使开发方案既能指导近期旅游建设和满足旅游发展需要,又可保持远近结合,实现旅游永续发展。

(3)旅游开发和其他开发的关系。

①与区域开发的关系。区域开发是特定地域的综合性开发。国土开发则侧重于针对土地资源的开发利用、治理保护而展开的全面开发,它是由解决人口、环境、资源问题发展起来的。这两者的作用和内容,在发展过程中正在逐步趋同,即均趋于成为资源开发利用和建设布局等重大内容的综合性开发。与社会经济发

展开发主要偏重于社会经济发展目标、预测和方针的制定不同，区域开发主要侧重于用各种技术手段揭示开发、建设、保护的整体性、合理性、可达性。

②与城市开发的关系。旅游系统是城镇系统中的一个子系统，旅游业作为国民经济中最具活力的朝阳产业，旅游专项开发和城镇土地利用、道路交通、公用设施、园林绿化系统、环境保护等专项开发成为城镇总体开发中不可或缺的组成部分。旅游专项开发既不能脱离城镇总体开发独立存在，也不能与城镇总体开发合为一体，否则无法保证旅游开发的内容得以付诸实施。

③与风景园林开发的关系。风景园林是旅游地的重要旅游资源，由于旅游资源的广泛性和旅游业的综合性，旅游开发的内容要比风景园林开发内容广泛得多。与传统风景园林开发不同的是，在旅游开发中以旅游资源为基础、为满足旅游市场的需求所设计的旅游项目和开发的旅游产品，满足的是旅游者在旅游活动过程整个食、宿、行、游、购、娱的需求，而绝不仅仅是创造优美环境。当然许多旅游地开发中的以优化、美化环境为主要内容的环境开发设计任务，还需要风景园林开发师来承担。

④与社会经济发展开发的关系。社会经济发展开发是对某一地区社会经济发展的战略目标、发展模式、主要比例关系、发展速度、发展水平、发展阶段及相互之间的各种关系所做出的谋划或计划。社会经济发展开发一般偏重于经济方面，它对各级各类开发具有指令性的作用，因此也是制定旅游开发的重要依据。反过来，社会经济发展开发的制定是以国民经济各部门开发为基础，通过在更高层次上的综合、协调而形成的，当然旅游开发也是制定更高层次社会经济发展开发的基础。

(二)旅游资源的调查与评价

1. 旅游资源的分类

根据旅游资源的定义，可将旅游资源分为自然旅游资源和人文旅游资源两大类。所谓自然旅游资源指天然形成的旅游资源，包括自然景观与自然环境，它处于自然界的一定空间位置、特定的形成条件和历史演变阶段；所谓人文旅游资源则是在人类历史发展阶段和社会进程中由人类社会行为促使而形成的具有人类社会文化属性的事物。

2. 旅游资源的基本特征

从上述旅游资源的定义可见，旅游资源是一种特殊的资源，与其他类型资源相比较，旅游资源主要具有以下特征：

（1）美学特征。旅游资源同其他类型资源最主要的区别就在于旅游资源具有美学特征，具有观赏性，可以使旅游者获得美的感觉或者引发美的联想。无论是名山大川、奇石异洞、海湖泉瀑、风花雪月，还是文物古迹、民族风情、城乡风貌、文学艺术等，任何一种旅游资源都应该具备这样的基本功能。旅游资源的美学特征越突出，观赏性越强，对旅游者的吸引力越大。

（2）空间特征。旅游资源的空间分布具有明显的区域分异规律，主要原因是任何一种旅游资源的形成都会受到特定地理环境各要素的制约，不同旅游资源，其形成要求的地理环境背景条件不同，因此就造就了旅游资源的区域性特征。如我国北方与南方、东部与西部在地理环境上的差异，造成自然景观、人文景观南北、东西的迥然不同。北方山水浑厚、南方山川秀美、东部山清水秀、西部山高谷深。

旅游资源在空间上的位置是不可以移动的，虽然有些旅游资源个体，如塔、庙等可能会有小尺度迁移发生，但并未从根本上改变旅游资源的不可转移性。同时旅游资源的不可转移性还有一层含义，即当旅游资源开发成旅游产品并被出售时，资源乃至产品的所有权不能转移。

（3）时间特征。从上述旅游资源的定义当中可以看出，随着时代的变迁，旅游资源概念的外延在不断地变化。过去不是旅游资源的如皇家陵寝现在已经成为了旅游资源，现在不属于旅游资源的在将来也有可能因对旅游者产生吸引力而成为旅游资源。总之,旅游资源随着时代的需求而产生、发展,品种数量在不断增加;旅游资源也因时代的不同而具有不同的功能、价值。旅游资源在时间上会呈现出一定的变化性。比较突出的是自然景物随时间变化的特征,有的表现为周期变化特征,如日出日落、潮涨汐落、四季景色,都有一定的周期变化规律;有的表现为随机变化特征,由于它们的出现具有一定的随机性,因此颇具神秘感。

(4)社会特征。旅游资源的民族性或文化性的内涵使不同民族或具有不同文化背景的旅游者对旅游资源的价值判断会有不同,换句话说,一种自然存在或社会现象是否会成为旅游资源,会因民族或文化的差异而不同。如对于久居都市的居民来说,大山里的古木怪石、松涛月色,郊区农村的安逸恬静和独特的农家风情,足可以吸引他们前往并使他们获得美的享受,而对长期生活于此的山民来说,面对这一切可能熟视无睹。反过来,都市风光对于城镇居民和乡村居民来说也会有不同的感受。

(5)开发利用特征。永续性是指旅游资源具有可以重复利用的特点。其他类型的资源如矿产资源、常规能源资源、森林资源等,随着人类的不断开发利用,数量会不断地减少。旅游资源则不同,旅游者付出一定的金钱和代价所购买的是一种经历和感受,而不是旅游资源本身。

但是,如果开发利用不当,旅游资源也会遭到破坏,而且一旦破坏就难以再生,这就是旅游资源不可再生性的内涵。旅游资源是自然界的造化和人类历史的遗存,是在一定的自然和社会历史条件下产生的,尽管它种类丰富,但数量毕竟有限。因此要求旅游资源的开发,必须以保护性开发为原则,以科学合理的规划为依据,依靠一定的经济、法律手段,切实加强旅游资源的保护和管理。

3. 旅游资源的调查

旅游资源调查是进行旅游资源开发利用、旅游规划编制的基础工作之一,是进行旅游资源评价的前期工作,同时也为后续的旅游产品开发提供前提条件。

（1）旅游资源调查的目的和内容。旅游资源调查的目的,是查明规划区内旅游资源的类型、数量、分布、组合状况、成因、价值等,掌握在旅游资源开发、利用和保护中存在的问题,为旅游规划提供可靠的资料。

旅游资源调查的内容主要包括以下几个部分：

①旅游资源存在区的环境条件,即旅游资源的背景条件调查；

②旅游资源的数量、类型、品质、分布、规模,即针对旅游资源本身的调查；

③旅游资源的开发现状和开发条件,即针对旅游资源外部开发条件的调查。

（2）旅游资源调查的步骤和方法。

①调查准备阶段。首先,计划制订。旅游资源调查计划主要包括调查的目的、对象、线路、区域的范围、调查工作的时间表和精度要求、主要调查方式和成果的表达方式。其次,资料收集。包括地方志书、乡土教材、旅游区与旅游点介绍、专题报告等；与旅游资源调查区有关的各类图像资料和反映调查区旅游环境和旅游资源的专用地图及相关的各种照片、影像资料等。最后,仪器和设备的准备。包括定位仪器、简易测量仪器、影像设备等。

②实地调查阶段。这一阶段的主要任务是做准备工作,特别是在第二手资料收集分析的基础上,采取相应的调查方法获得第一手资料。常用的实地调查方法有以下三种：

第一,野外实地踏勘。这是实地调查最基本的方法。

第二,访问座谈。这是实地调查的辅助方法。调查人员通过走访当地居民或以开座谈会的方式,为实地勘察提供线索、确定重点,提高勘察的质量和效率。

第三,问卷调查。可以通过行政渠道将问卷分发给各有关部门或发放给现场游客和当地居民,填写之后集中收回,这些问卷将对资源调查工作有重要的参考价值。

③资料整理阶段。对实地调查所收集的直接和间接资料进行分类整理,最终形成综合性、建设性的旅游资源调查报告和旅游资源分布现状图。调查报告的内容应写明调查区旅游资源的基本类型、开发历史和现状等,并对其存在的问题提出意见和建议。

4. 旅游资源的评价

要使旅游资源优势转化为旅游产品优势,并产生良好的经济效益、社会效益和环境效益,就必须对旅游资源的开发利用价值进行科学的综合评估。旅游资源评价就是在对旅游资源进行全面系统调查的基础上,依据科学的标准和方法衡量旅游地旅游资源的综合开发利用价值,以便为做好旅游规划奠定坚实的基础。

(1)旅游资源的评价原则。旅游资源评价工作,涉及面广,情况复杂,为了使旅游资源评价客观、公正,结果准确、可靠,一般应遵循以下基本原则:

①全面系统的原则。旅游资源的类型是多种多样的,它的价值和功能也是多层次、多方位的。这就要求在进行旅游资源评价时,不仅要注重对旅游资源本身的数量、质量和特色等因素的评价,还要把旅游资源所处区域的区位、环境、交通、经济发展水平、建设水平等开发利用条件,作为外部条件纳入评价的范畴,全面完整地进行系统评价。

②兼顾"三大效益"的原则。评价旅游资源,要考虑三方面的效益:一是经济效益,即能够增加收入、促进经济发展、调整产业结构、增加就业机会、改变投资环境等;二是环境效益,对自然和人文环境的保护有促进作用,为人类提供有利于身心健康的游览、娱乐场所;三是社会效益,即能使旅游资源所在地的社会环境通过与外界的交流得到改善。总之,要通过充分合理的开发利用旅游资源,获得多方面的综合效益。

③尊重事实与动态发展的原则。旅游资源本身及其开发的外部社会经济条件是在不断变化和发展的,这就要求在进行旅游

资源评价时,不仅要从旅游资源调查的客观实际出发,做出实事求是的评价,还要用动态发展和进步的眼光看待变化趋势,对旅游资源及其开发利用前景做出积极、全面和正确的评价。

④定性与定量相结合的原则。常用的旅游资源的评价方法有定性评价和定量评价两种方法。定性评价,一般只能反映旅游资源的概要状况,主观色彩较浓、可比性较差;定量评价,是根据一定的评价标准和评价模式,将旅游资源的各评价因子经过客观量化处理,其结果具有一定的可比性。

（2）旅游资源的评价方法。旅游资源评价的核心问题是评价标准,即评价方法的选择问题。不同的评价方法所采用的标准不同,因此评价结果也会有所不同。在旅游资源基础评价方面,国内目前较具权威性的评价系统是《旅游资源分类、调查与评价》国家标准,该项国家标准对旅游资源分类体系中旅游资源单体的评价,是采用打分评价的方法。

（三）旅游资源的保护与开发

1. 城镇旅游资源保护的意义

（1）保护自然生态、社会文化。对于旅游资源中的自然资源,仅有部分资源是可再生的,如植被、水景,若人为干扰强度不大,可以通过自然调节和人为恢复,但耗时久、投资巨大。而更多自然资源是不可再生的,如山岩、溶洞等。对于人文资源,绝大多数是人类历史长河中遗留下来的文化遗产,一旦毁灭,就不可能再生,即使付出极大的代价仿造,其意义也发生了根本性的改变。旅游资源的"易损性"和"难以再生""不可再生"的特点,使旅游资源和旅游环境的保护具有深远的历史和现实意义。同时旅游资源的保护不仅是自身的需要,也是保护我们赖以生存的自然生态环境和社会文化环境的需要。

（2）保护旅游资源有利于实现旅游的可持续发展。旅游可持续发展的实现,其关键在于对旅游资源的保护。这是因为"旅游是一个资源产业，一个依靠自然禀赋与社会遗产的产业"，它的发展基础是旅游资源。所以任何一个旅游地欲谋求其旅游业的长久、持续发展，必须首先谋得旅游资源的持续利用，否则由旅游资源及环境的退化而导致的旅游地吸引力的衰竭，将直接威胁着该旅游地"生命"的延续。

(3)保护旅游资源及环境是我国保障旅游业健康发展的重要战略对策。1978年以来，我国在开发、利用旅游资源，发展旅游业的过程中，把旅游资源和环境保护当做旅游发展战略的重要部分，贯彻资源与环境保护这一基本国策，取得了一些成绩。但同时也存在不少问题，如部分热点旅游地污染严重，局部生态环境遭到破坏，旅游资源受到损害等，这些问题严重影响了当地旅游事业的健康发展。在今后的发展中，旅游业应始终坚持资源与环境保护这一基本国策，促进城镇旅游业的健康、稳定发展。

2. 城镇旅游资源的开发利用

不同的城镇，旅游资源特点也不尽相同。对于当地旅游资源的开发，应充分结合其特点，做到因地制宜，扬长避短，合理开发。下面就小城镇开发利用的几种常见形式作一介绍。

(1)开发利用城镇历史古迹。我国的5000年历史为城镇留下了丰富的历史古迹，有寺庙、宫殿、戏楼、传统民居、城堡、城门、石碑、故居等。因此，可以充分利用现有的历史古迹，加强宣传，扩大影响，开发景点及相关的旅游产品。

①历史街区的划定原则。

第一，历史街区的范围划定应符合历史真实性、生活真实性及风貌完整性原则。街区内的建筑、街巷及环境建筑物等反映历史面貌的物质实体应是历史遗存的原物，而不是仿造的。年代久远的建筑、构筑物成片保护至今，即使后代有所改动，但改动的部分不多，而且风格基本上是统一的。

第二，历史街区的范围划定应兼顾两个方面的要求。一方面，历史街区范围内的建设行为将受到严格限制，同时该范围也是实施环境整治、施行特别经济优惠政策的范围，所以划定的规模不宜过大；另一方面，历史街区要求有相对的风貌完整性，要求能具备相对完整的社会结构体系，因此划定范围也不宜过小。之所以强调有一定规模、在一定范围内环境风貌基本一致，是因为只有达到一定规模才能形成历史环境地区，人们从中才能感受到历史文化的气氛。

第三，考虑到保护管理条例的可操作性，保护层次的设定不宜过多。范围划定应考虑历史建筑、构筑物边界或建筑物所在地块的边界、地貌、植被等自然环境的整体性，风貌景观的完整性，并结合道路、河流等明显的地物地貌标志，兼顾行政管辖界线划定。

②历史街区保护范围的划定。历史街区的保护范围必须根据历史城镇不同地段的不同特征进行划分，并制定相应的整治要求与整治对策。

为保护各级、各类文物并协调周围环境，保护历史城镇的传统风貌，一般可划分为三级保护区。

第一，绝对保护区（一级保护区）。为已经公布批准的各级文物保护单位（包括待公布的文物保护单位）其本身和其组成部分的边界线以内。在此范围内，不得随意改变现状，不得施行日常维护以外的任何修理、改造、新建工程及其他任何有损历史景观的建设项目。

第二，重点保护区（二级保护区）。是指为了保护历史景观和历史环境的完整性，必须控制的周围地段以及街区内有代表性的传统建筑群、街巷空间等。在此范围内，各种建设行为须在城镇建设、文物管理等有关部门审批下进行，其建设活动应以维修、整理、修复及内部设施更新为主。建筑的外观造型、体量、材料、色彩、高度都应与传统风貌相适应，较大的建筑活动和环境变化应实行专家委员会审定制度。

第三，一般保护区（三级保护区）。为保护和协调城镇的风貌完好所必须控制的地区。该范围内各种建设活动，应在城镇规划、文物管理等有关部门的指导下进行，以取得与保护对象之间合理的空间景观的过渡与环境形象的统一。

③建筑高度控制规划。历史文化城镇内确定的历史街区，一般都有较好的传统特色风貌，而传统特色地段内建筑都不高，要维护这种宜人的尺度和空间轮廓线，就要在保护区内制定建筑高度的控制规划，在保护区外有时也有高度控制的要求，这是城镇保护中的环境景观要求，因此就需要对城镇有高度控制的规划。许多城镇由于没有控制住新建筑的高度，造成了原有优美的传统风貌或天际轮廓线的破坏。

（2）因地制宜，结合城镇生产，开发特色旅游。比如一些地区有着良好的气候、土壤条件，适宜种植花卉、水果、蔬菜，可以开发生态旅游，修建采摘园，不仅有助于增加游客对植物的观赏情趣，还可以使他们体会到收获的乐趣。

（3）利用当地的自然资源，开发休闲、疗养旅游型城镇。这类城镇应以优美的环境、方便的交通、充分接触大自然为主要特点。它们所特有的山、水、林、田、阳光、草地、河滩、温泉、矿泉是城市所不具备的，游客们来到这里，可以避开都市的喧闹，放松自己的身心。

（4）发展体育、娱乐型城镇。以当地的某种体育、娱乐项目为主题，吸引爱好者前来旅游参观，参与其中，使游客从中获得乐趣与享受，如狩猎、钓鱼等。

（5）发展文化旅游型城镇。以当地的特色文化，如地方戏、地方风土人情、名人故事为主题，整合文化资源，突出当地文化特色，发展文化旅游。

（6）开发现代化城镇风貌旅游资源。有许多城镇的建设在全国处于前列，成为其他城镇模仿和借鉴的对象。因此它们可以将其现代化的城镇风貌和成功的建设模式作为旅游看点，来吸引区外游客。

（7）开发商贸旅游城镇。某些城镇经过长期的发展，成为某种产品的重要集散地，会吸引大批游客前来购物。

（8）开发民风、民俗旅游城镇。我国是一个多民族国家，民风、民俗各不相同，因此可以将当地的民俗、民风作为旅游开发的主题，吸引外地游客。

除此之外，各地可根据自身的情况，因地制宜、合理地发展各种特色旅游，但对现有旅游资源进行开发时，应避免盲目人工造景。

3. 旅游资源保护开发案例

王朗自然保护区位于四川省绵阳市平武县西北部，地处青藏高原东缘，平均海拔 3200m，总面积 325km^2。保护区岩层古老，由于处在断裂地层结构之上，地震活动频繁，生态环境容易遭受破坏而较为脆弱。气候属半湿润气候，随海拔升高呈现出暖温带、温带、寒温带、亚寒带的类型。这种特殊的气候孕育了丰富多彩的生物资源。

保护区内除了少数沿河谷地带曾被采伐而形成桦木林外，基本上保持原始状态。几乎没有受到人为干扰，具有生态环境最基本的背景，是生物物种的天然基因储藏库。据粗略统计，保护区内植物共计 97 科、296 属、615 种，其中还包括一些中国特有分布属，植被类型有阔叶林、针叶林、灌丛和灌草丛、草甸、流石滩等，资源植物类型多样，有木材植物、纤维植物、油脂及芳香类植物、牧草及饲料类植物、中药材植物、野生水果蔬菜、野生花卉及观赏植物等。此外，还有重要的珍稀濒危植物，如麦吊云杉、星叶草、独叶草以及大熊猫主要食物箭竹。兽类共有 62 种，其中特有种类有大熊猫、金丝猴、小熊猫、喜马拉雅旱獭、四川林跳鼠、田鼠、普通攀鼠、四川毛尾睡鼠等。珍稀和资源兽类有大熊猫、金丝猴、牛羚、云豹和豹等，均属国家一级重点保护野生动物，此外还有一些国家一级保护的鸟类等，图 4-5 至图 4-7 是王朗自然保护区的动植物风景。

图 4-5　熊猫栖息地

图 4-6　保护区自然风光

图 4-7　保护区水体与高山

在王朗自然保护区开发生态旅游是一个很有经济潜力的方向,但是也要看到其局限性和潜在威胁。因此,对自然保护区生态旅游的开发必须持谨慎的态度,应严格保护,谨慎运作。

王朗自然保护区于 1999 年启动了生态旅游,经过 3 年的实施,生态旅游在保护区有了长足的发展,并取得了成功经验。它的生态旅游开发策略由四个部分组成。

第一,按规划实施。根据自然保护区的特殊性,围绕发展生态旅游要素进行细致的综合分析研究,在此基础上,再进行生态旅游规划。

第二,可持续发展战略。在自然保护区开展生态旅游必须实施可持续发展战略,其内涵有四个方面:进行绿色开发、发展绿色产品、开展绿色经营、培育绿色体系。

第三,当地居民参与及管理。为社区居民创造就业机会,鼓励社区居民参与到生态旅游行业当中,使他们真真切切体会到生态旅游资源和生态环境给他们带来的利益,让他们支持、配合、参与管理。

第四,收入按一定比率投入环保等事业之中。

在上述策略的指导下,2001 年 9 月,王朗自然保护区通过了澳大利亚"自然与生态旅游认证项目"（NFAP）认证标准体系的"高级生态旅游认证"。2002 年 5 月被 NEAP 作为发展中国家生态旅游基准向世界生态旅游大会推荐。

从以上王朗自然保护区生态旅游开发探索获得的成功经验，可以得出结论，自然保护区开发生态旅游是有巨大发展潜力的。但是，应把"自然保护"放在首位，处理好旅游发展与生态环境保护的关系，应坚持走可持续发展道路。[①]

三、小城镇生态景观与旅游资源、园林内建设的相关性

（一）有利于小城镇景观建设实施

城市的生态景观是伴随着城市的形态变化而产生的，注重对城市的创新。生态旅游产品的产生基础一般为生态性和园林性的小城镇。如果没有生态型的小城镇建设发展，就无法保证小城镇旅游业的快速发展。小城镇旅游的影响是多方面的，不仅提高了一个小城镇旅游的层次，让旅游目的地的选择更加清晰，还将小城镇的多种功能集中在一体，促进游客与小城镇的整合，极大地促进了小城镇基础设施功能的发挥。

小城镇的生态旅游内容主要为亲水性或者亲绿性休闲活动，小城镇要利用其已经具有的功能来满足游客的旅游需求。从打造生态旅游产品的角度出发，做好小城镇资源的规划，从而给园林景观建设创造条件。

（二）有利于生态园林小城镇建设

小城镇的自然生态条件和相关的基础设施可以促进旅游及相关服务的基础的发展，也有利于加强生态小城镇的建设。

---

① 资料来源于世界自然基金会资助的四川省平武县"综合保护与发展项目（ICDP）"。

小城镇只有做好相应的基础设施建设,方可建设成为一个现代化的小城镇。对小城镇的自然资源与文化底蕴进行挖掘,关注小城镇的山水格局,建立一个适合当地生态环境系统的体制,在最大程度上恢复河流的自然形态等,对于生态园林小城镇的建设有着重要的意义,这不仅加快了生态旅游行业的发展,更令小城镇的生态环境得到保护。

(三)有利于当地传统文化保护

在对旅游产品进行开发时,小城镇的民间文化和小城镇的自然资源以及生态环境是同样重要的。在小城镇特有的生态环境下,会衍生出具有地方特色的民间文化,可以说,民间文化也是生态景观环境的一种产物。如果生态环境被破坏,那么由此而来的文化也会被破坏。做好文化生态保护工作,是开发生态旅游产品的重要内容。

文化生态保护,就是处理好自然生态环境与人的关系,处理好文化与人的关系,保护那些已经被丢弃或者即将被社会抛弃的特色文化,也可以促进生态旅游内涵的丰富。

(四)有利于小城镇产业结构调整

生态旅游是旅游业发展的产物,是旅游业的一部分。旅游业的发展,离不开小城镇的产业结构。许多具有生态资源条件的小城镇,都将旅游行业的发展作为经济的新增长点。旅游的发展,对于小城镇景观的丰富有着重要的作用,更能让小城镇的特色得以突出,有利于小城镇产业结构的调整。

生态旅游的快速发展,不仅能够提高当地的经济效益,也可以彰显小城镇的文化,实现社会效益。同时,在景观建设的过程中,会给小城镇创造更多的就业机会,促进当地居民的收入,将生态与经济共同发展推向一个新的高峰。

第五章　小城镇生态产业规划

　　大力推进小城镇生态产业规划对生态农业、生态工业、生态旅游业具有重要作用。农业是发展小城镇的基础,建设小城镇与发展农业相辅相成,"以农稳镇"是发展小城镇的重要经验。发展和建设小城镇,是带动农村经济和社会发展的一个大战略。小城镇建设不仅可以大量吸纳农村剩余劳动力,缓解城市人口和生态压力,节约非农土地,调整农村产业布局,开拓农村市场,加快农村经济发展,而且可以提高农村人口综合素质,改善和优化生态环境,促进农村经济社会的可持续发展。

第一节　小城镇生态农业规划

　　农业为人类提供生存的最基本的物质生活资料,并且制约着其他部门的发展速度和规模。我国有 13 亿多人口,其中近85%的人口生活在乡村。农业人口占总人口的 78.33%,小城镇和所辖乡村的占地面积为城市面积的 15.5 倍,乡村人口与市镇人口之比约为 3.5。只有农业发展了,才能向城镇提供足够的商品粮和工业生产所需要的农产品原料,为城镇输送所需要的劳动力,促进小城镇的发展。可以说农业是一个国家或地区的小城镇体系形成和发展的物质基础。

一、生态农业的必要性

　　以农业生产为主的小城镇大多存在一些共性的问题,表现在以下几个方面。

(一)土地退化和荒漠化现象明显

不合理的土地利用方式,如森林植被的消失、草场的过度放牧、耕地的过分开发、山地植被的破坏等导致土地退化,土地荒漠化。国内外均不例外,过去 45 年间全球由此导致 17％的土壤退化。目前已有 110 个国家(共 10 亿人口)可耕地的肥沃程度在降低。在非洲、亚洲和拉丁美洲,由于森林植被的消失、草场的过度放牧等原因,土壤剥蚀情况十分严重。裸露的土地变得脆弱了,无法抵御风雨的长期剥蚀,土壤的年流失量迅速增加,在有些地方,可达每公顷 100t。尤其是对岭坡地多、土层浅薄的地区,土壤保水保肥能力差,植被稀少,土壤养分比例失调,土地生产力较低。

化肥和农药过量使用,与空气污染有关的毒尘降落,泥浆到处喷洒,危险废料到处抛弃,所有这些都对土地构成严重的污染。

(二)水土流失问题十分严峻

中国是世界上水土流失最严重的国家之一,由于特殊的自然地理条件,水蚀、风蚀、冻融侵蚀广泛分布,局部地区存在滑坡、泥石流等重力侵蚀。

水土流失广泛分布于我国各省、自治区、直辖市。严重的水土流失导致耕地减少,土地退化,加剧洪涝灾害,恶化生态环境,给国民经济发展和人民群众生产、生活带来严重危害,成为我国头号环境问题。耕地减少,土地退化严重。图 5-1 是我国不同年代土地沙化速度示意图。

(三)林木覆盖率偏低,调节生态环境能力差

目前,我国的人均森林面积只有 $0.128hm^2$,仅为世界平均水平的 21.3％。森林覆盖率 16.55％,相当于世界人均水平的

61％。生态环境日趋严重,荒漠化面积不断扩大,生物多样性受到严重破坏,自然灾害频繁发生。

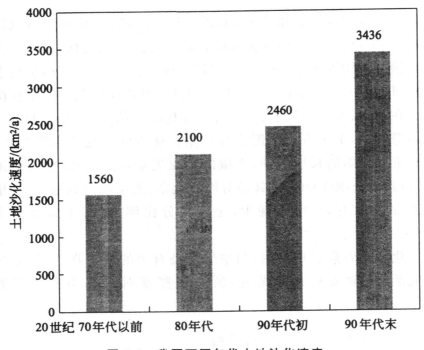

图 5-1　我国不同年代土地沙化速度

由此所引发的林产品供需矛盾也日益突出。目前世界人均年木材消耗量为 0.58m³,发达国家 1m³ 以上,我国只有 0.29m³。我国每年对林木蓄积消耗的需求量为 5.5 亿 m³ 以上,而现有森林资源的年合理供给量仅为 2.2 亿 m³,占需求量的 40％。仅去年我国进口各种林产品折合林木蓄积约 1.8 亿 m³。而今后 50年,我国森林资源消耗量至少需要 185 亿 m³,为我国现有森林资源总量的 1.6 倍。图 5-2 是全国森林第五次(1994—1998 年)与第三次(1984—1988 年)普查资源面积与蓄积量变化比例(％)图。

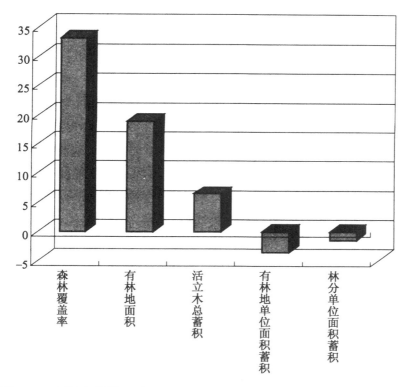

图 5-2　全国森林第五次(1994—1998 年)与第三次(1984—1988 年)普查资源面积与蓄积量变化比例

　　而在世界主要城市中,东京市域面积 2187km²,人口 1212 万人,森林覆盖率市域为 33%、郊区为 50%。巴黎市域面积 1.2 万 km²,人口 1065 万人,郊区森林覆盖率为 27%。伦敦市域面积 6700km²,人口 1110 万人,郊区森林覆盖率为 34.8%。全球森林覆盖率平均水平为 31.7%。相比之下我国城市的森林覆盖率远低于发达国家的城市,小城镇也不例外。

　　《中华人民共和国森林法》确定全国森林覆盖率目标为 30%,中国生态环境优质城市森林覆盖率标准为 30% 以上。

(四)野生动植物资源家底不明,破坏严重

　　国家林业局自 20 世纪 90 年代中期以来相继组织的大熊猫、

主要野生动植物及湿地资源调查工作,于 2004 年底基本全部结束。但此次调查大多是针对一些主要的野生珍稀动植物资源调查的,对于小城镇而言,每个小城镇的野生动植物资源调查基本上尚属空白。20 世纪 70 年代末 80 年代初全国农业区划与资源普查之后,还没有做过一次全面性的普查,现有可见的关于小城镇野生动植物资源的数据资料大多还是源于那个时期的调查成果。随着生态环境的恶化,野生动植物资源急剧减少,急需进行彻底的调查,以摸清家底,进行保护。

当今社会,人们愈加意识到城市的多样性和生产力是未来可持续发展的根本。土壤保持、现代版的传统小规模农业、化工食品内在的健康问题,以及涉及国计民生的调控问题等,都逐步得到重视。越来越多的组织致力于找寻与自然系统和谐而真诚的关系。很多私营或商业公司拿出土地来生产未被化学添加剂污染、也不是保存在罐头中的"有机"生长食品。于是问题就变成:城市问题是怎么跟食品及农业问题产生联系的?一种回答可能建立在前面已经提到的观点上,即乡村问题是根源于城市的。这些问题不仅影响到西方城市,对发展中国家的城市甚至更为关键。

纵观历史,很显然城市人与土地断绝联系是近代才发生的。前工业时代,社会需要将城乡用地联系成一个整体。芒福德指出,大量中世纪城市居民拥有私家花园,并在城市里实践着乡村工作。并且,市民在郊区还拥有果园和葡萄园,在公共土地上牧民饲养牛羊。早期,城里人饲养的猪和鸡其实也充当着城镇的食腐者的角色,直到街道清扫条例实施才改变。芒福德说,猪曾经是"当地卫生局的积极员工"。

美国新英格兰地区的一些城镇,直到 19 世纪末还保持着类似的城乡平衡。在第一次世界大战之前的英国,利物浦以其繁荣的乳品工业著称。由于大量增长的城市人口的需要,约克郡山谷中的很多家庭都开始进城从事供应牛奶的工作,他们甚至就在城里养牛,并在街道上售卖牛奶。为我们讲述这个故事的家庭就是这种公司家庭之一,这个家庭曾在利物浦工作 20 年,并在退休前用供应牛奶挣的钱在约克郡山谷购买了一个农场。他们的经营开始于 2 头牛,结束于 46 头牛和 3 匹马。他们在利物浦的房子位于一排房子的尽头。房子前面全天售卖牛奶,后面则作为居住之处。不远的地方就是牛棚。本地公墓的管护人每年夏天都要把大量修剪下来的草堆成垛,这个家庭的女儿就用马拉的大车把草拉回去喂牛。干草料则从当地的一个农夫那儿得到,他会在进城时带来一车干草,回去时拉上肥料。

二、多元文化场所生产性城市

将废弃物与收集、回收、食品加工及就业联系起来的例子并不局限于发展中国家。生态、社会和经济的普遍需求对于纽约、洛杉矶,与对于雅加达、德里都是一样的。西方城市已经形成了多元文化的环境现状。多元文化主义正在重塑现代城市的物理及文化特征。不同民族的传统渗透到了街头市场、居住区、小型手工业和饭馆等地方,丰富了城市的邻里特征。微型城市农场和葡萄园的生产性景观成为葡萄牙、中国和意大利邻里社区的标志。这种乡土特色在城市的街巷、屋顶、后院随处可见。形形色色的花园、房屋、街道和人,传达着私人领地的概念,并诠释着不同的空间使用方式,形成丰富的城市传统。在前院后院的花园篱笆背后,可以看到多产的蔬菜园,藤蔓缠绕的葡萄架带来夏日阴凉,而葡萄可以在秋天用来酿酒。这些乡土景观反映了依然存活的乡村技艺,以及文化与土地的联系,并代表了非常不同的城市生活观,无论是在功能上还是审美偏好上。

然而,更为引人注目的趋势是原有郊区地带的社会和物质环境的变化。白领阶层曾是盎格鲁—撒克逊血统人士的专门领域,但现在正经历着不同种族的大量流入。内城的城市农业也随之进入城郊,改变了郊区原有的景观化的、缺乏生产力的后院。饲养牲畜并种植蔬菜、水果的微型农场,取代了原来毫无生产力的草坪。这种趋势是因不同人群的特殊需要而产生的。法律规定也挡不住生活需要。例如,很多地处市中心的民族社区里存在着丰富而多功能的土地利用方式,但在与城市接壤的偏远郊区却往往被禁止,个人房屋和财产可以或不可以做什么都被严格规定了。表面上看,这种规定是为了使土地利用被控制在现有基础设施容量范围以内,或不至损害环境,但若排除这些因素,很多这样的障碍性规定实际上源于这些社区想排挤某些特定人群。例如美国的地方区划通常就透显了精英社区思想或种族偏见。

斯坦·约翰斯(Stan Jones)是旧金山城市园丁联盟的前任景观建筑师,他曾指出"[多元文化主义(Muhiculturalism)]不是简单接受文化的不同;最佳情况下,它实际上是在赞美这些不同——例如当园丁分享他们的产品并学着食用和种植外来蔬菜的时候。"这一观点其实也道出了另一个事实,不同文化群体对空间有不同的使用方式,有不同的习惯和需求。约翰斯注意到,在中国城,你可以看到公园里具有一定数量的直脚座椅和威廉·怀特(William Whyte)在城市空间指南里提到的其他特征。但上了年纪的亚洲妇女却总是躲在安静的角落里,她们不愿意出现在人前,不愿意靠着街道,不想被别人看到,这与怀特的说法正好相反。

多元文化社区中"饼干式"公园的设计趋势,根本没有考虑到使用者在文化、心理和行为上的不同需求,以及这些方面在公园中的不同物质空间表现。另外,传统的开放空间是由市政当局依靠公共税收来兴建的,往往需要高昂的养护费用,也几乎不具多样性,并且不能提供经济回报。正如卡尔·林、伦道夫·赫斯特及其他人所表述的那样,只有让使用者参与到对他们自己的地区的设计中,才能达到这一目的。城市景观会不断发生变化这一必然性,需要我们认识到人类社区与自然的根本上的相似驱动力,并给予从生态角度的回应,帮助人们以他们自己的方式、需求和审美去发展城市景观。因此,十分有必要来重新思考城市空间是如何被使用的这一本质及功能。

三、工业土地上的商业冒险

对城市开放空间的审视显示,工业占有大面积土地,尤其是在城市的边缘。这些常被忽视的地方给城市带来了糟糕的视觉景观,尤其当它们被城市发展所包围的时候。在多伦多大都市区的北约克行政区中,就存在着这样一个区域。该区域曾经位于城市边缘地带,在过去 25 年甚至更长的时期内经历了迅猛的发展。在从前的农田上,最初是约克大学的校园坐落于此,继之而起的是大型工业区、居住区与商住区。工业区比邻大学,由 4 家石油公司所有,共计 91 公顷,大约有一半被开发为油罐场和相关的工厂。剩余土地尚未开发,这是石油工业经济困难时期的产物。游客来到此地,当他们驱车北驶,往往被两种截然不同的景观所震撼:一边是中规中矩的大学校园,草坪整齐、行道树成行;另一边则是石油公司的土地,被工厂和居住区包围的土地中居然有一块农田,种着玉米、西红柿和豌豆。这块地在 20 世纪 80 年代初被租给了几个意大利农夫,他们尝试振兴他们的市场农园的运作模式。地里的产品被直接卖给周边的社区,这在高度发展的都市中,建立起了生产者和消费者之间的直接联系。把曾经的空地转变为生产性的新用途的动因是当地的土地税法。在安大略省征税评估法案中,用于农业的土地免于征收市里的全额土地税。随着都市的迅猛发展,税费也不断飙升,省里推行这一法案,是为了保护农业用地,减少农业税费。在这种情况下,石油公司在 20 世纪 80 年代开始将厂里的未建设用地改为农田,这样只需交纳每公顷 200 加元的土地税,而相应的工业土地税则需要 980 加元。政府不满于大量税收损失,于是把工厂告上法庭,要求它们仍然按全部工业税率缴纳税费,但没有胜诉,于是市场农园得以生存下来。

这个反常的例子引发了一些有趣的问题。税务上的漏洞创造了把未利用的工业用地向多产、悦目、自我持续的景观转变的机会。这块土地使都市环境质量得以提高,并且让周边社区在采摘新鲜农产品方面直接受益。

通过农业和城市的联系,也许可以在城市区域建立起潜在的新型景观模式。但同时,在现有政治框架中,这种无意而为的现象也许可以被视作为取得上述最终目标而采取的一种并不现实的机制,其中政府需要放弃为提供公众服务所需的税收利益。而事实上,如果石油公司被要求足额缴税,那么在空地上耕种的原始动力就会消失。于是,这块土地或者成为城市的盲区,或者会被改造成只能悦目的"景观"。

这个例子说明,明智和富有创意的政策对于营造丰富而实用的景观是必要的,它们有助于提供便宜的食物来源;同时这个例子也为我们的城市设计及郊区发展提供了新思路。如在开发城市边缘地区时,就有必要保护有肥力的土地以及丰富的乡村传统,这样就可以建立一种土地有所出产的新型"都市",而不是像传统发展模式那样,先是对抗而后挤掉那些占用土地的工厂。两种矛盾之间文化斗争的结果必然是一方败退。而关于是否需要保留及发展农业用地的大多数争论,与当今农民是否需要出于生计或退休而卖掉土地的问题是相关联的。于是,富饶的土地常常被流转到房地产交易市场上。对此的应对策略不是去更多地保护那些城市以外的大规模农场,而是应注重将小规模、复合型经济体嫁接到开发建设中。这可能包括市场农园、永续栽培温室、分配园地、小型农畜混合体、苗圃、制陶场、回收站,以及面向木制品业的植树造林。对此应该出台战略以保护农业用地,控制因土地价格的上涨而导致农民将土地卖给开发商的问题的加剧。在城市增长过程中保护富饶的土地和自然特征及过程,涉及能量以及紧凑的城市形态、生态学、土壤生产力和乡村传统等问题,并且需要寻找到能够整合城市与乡村的新型城市形态的新方法(图5-3至图5-6)。越来越多的美国城市已采纳了"城市增长边界"的理念和"精明发展"政策,并就以上话题展开讨论。

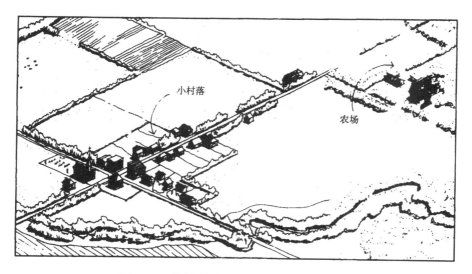

图 5-3 传统的乡村聚落与周围的田地

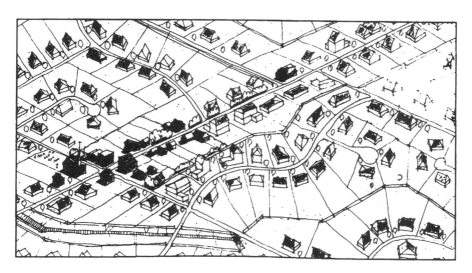

图 5-4 传统的乡村聚落和田地被常规性的土地细分地块所吞噬

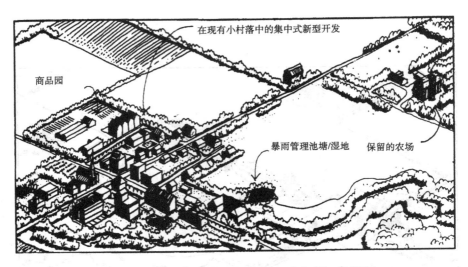

图 5-5　围绕在乡村周围的新开发组团,保留了
许多乡村的功能及完整的小溪和树林

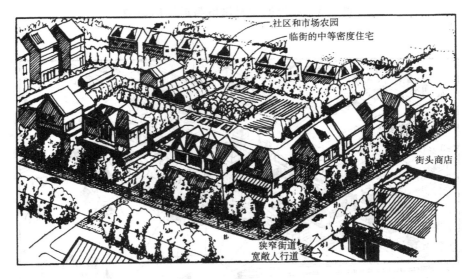

图 5-6　混合功能开发,包括小规模的商品菜园和其他
乡村型功能,如苗圃、制陶场和回收站

　　在瑞士苏黎世的森林公园,这种多功能整合的规划方法已有
所应用,城市公园系统中出现了小规模的商业性农业。农民租城

市周围的普通土地种植庄稼、养猪或栽种其他适合小规模生产的农作物。公园内穿过林地的游憩小径也会经过这些农田。在荷兰和瑞士的公园系统里，住区或商业区尺度上的农业种植已深入人心。这样的话，城市公园在发挥娱乐场所作用的同时也成为农作物的生产区。农作物生长、公园维护以及土壤管理的过程都成了可视的都市元素。它们丰富了都市体验，为一种与土地相联系的真正可持续的审美观奠定了基础。

这些例子展示了在城市层面长期的传统和明智的规划可以取得的成就，它们创造了可以使社会、环境和经济多方受益且可以自我持续的多功能景观。其中一个关键的理念是，全部公园系统或者至少是其中一部分，并不一定仅仅用于公众游憩，还可以用于经济上的可持续。在现实中，世界上很多城市还处于贫穷和饥饿当中，上述做法可以减少很多隐性开支。粮食银行的不断扩张反映了现代西方社会的粮食问题，但这种扩张只是暂时性的解决方法，甚至更可悲的是，它削弱了人们的信心和自尊心，无法让社会问题得到长期、自主的解决。当然，对于公园可以并且应该发挥生产功能这件事，也有很多反对的声音，这样的争论直接导致了许多社区行动及组织的诞生，比如"国际城市农场和花园联盟"。

21世纪初，"城市农场与社区花园联盟"在社区数量和组织多样性上都有不小的发展，1979年城市农场的总数大约为20家，2002年稳步增长到遍布全英国各大城市的65家，其中有17家位于伦敦。随着社区需求的显著扩张，为了保证以社区为导向的基本社会目标的实现，农场活动也发生了改变和拓展，每个项目都因当地社区的需要而有个性化的安排。例如，伦敦的卡尔佩珀社区花园由48块园地组成，使用者包括学校、精神康复日常服务机构和一个为学习障碍者提供帮助的组织。肯特镇城市农场是这其中历史最悠久、也是当之无愧的改革的范例。

从1972年肯特镇城市农场发展的早期阶段开始，农场的规模就从大约0.8公顷发展到1.8公顷，其范围和复合性也在不断扩大和提高；农场用地上原来是工业建筑，如今已被改造成为复合功能的现代建筑，其中包括教室、厨房、厕所以及顶层办公室。

农场通常饲养绵羊、猪、山羊和牛，还会有园地和家庭用地。在汉普斯泰德丛林，还有可供出租的马匹和马具，这种经营从农场建立的初期就开始了，而且仅仅是农场整体功能的一部分。今天，生物多样性和环境方面的学习已经成为农场体验的重要方面。灌木丛和结果的灌木为一般鸟类、蝴蝶和小型哺乳动物提供了多样的栖居地；小块的沼泽园被用来种植以调查肉食性植物；阳光充裕的地方则到处长满了草本植物；有大片的橡树可以用来制作座椅，橡木腐烂后就成为珊瑚甲虫的乐园；有为草蜻蛉设的昆虫盒；有堆积的肥料；还有建筑墙面上的马赛克儿童画。用来学习环境常识的方式无穷无尽，充满着这块都市土地的每一处角落；农场的租期为 99 年，租金的 80％由当地政府资助，而剩下20％则通过慈善信托募得。

肯特镇地区的大型社区也曾经历过很大的变革，结合社会的需求，从荒芜的空地变成现在考虑文化与民族多样性的中高密度住宅。这种变革使得大量教育及休闲活动应运而生，包括一些室内活动，与学校课程体系相关的如第二外语、自然科学和技术、数学和技能发展等，除了 6 个全职教员，还有 1 名教工负责项目组织。时而还会举行一些展现不同文化群体园艺技能的活动。每年大约有 90 所学校和托儿所前来参观城市农场，其中 80％左右都来自同一个更大范围的社区。

作为一类教育资源，农场本身可以提供丰富多样的教育体验机会。在社区花园里，不同民族的人按照自己的传统、文化表现方式和技能来种植，他们有孟加拉人、尼日利亚人和葡萄牙人。农场里有给绵羊群准备的地方，有给山羊家族准备的花岗岩石，也有为干湿植物肥料称重和比较的地方。

作为都市公园的替代物，城市农场的理念显得尤为重要，它使被遗弃的土地重新焕发活力；通过社区的共同努力，它不但可以自我持续，并且提供了内城区域原本缺乏的很多设施。它降低了城市公园的公众开支负担,还使很多原本健康条件不佳的住宅区得以改善,同时也提供了丰富的产品。相比之下,农场的维护费用远低于现有的一般城市公园。在社区共建的前提下,恶意破坏行为也大大减少。在 20 世纪 70 年代末,社区管理的城市农场与邻近的伦敦政府管理的公园之间开展了一项有趣的经济性比较。尽管比较分析的结论至今还未得到新的修订,但它依然可以作为此类公共空间所具有的价值的指证。而其结果是不言自明的:比较显示,无论是建设还是维护,社区农场的成本都远低于政府建设的公园。它从社会角度具有更强的可持续性、更直接的教育意义以及更为多样的物质形式。城市农场的例子还揭示了其他事实:第一,城市废弃地也是一种资源,对其创造性地利用并不需要太多的资本投入;第二,当把社区、公园、生物多样性与农业生产放在一起时,它们之间的实质性联系就是内在的生态和社会的可持续性。这种基本概念现在已经被"伦敦市生物多样性战略"所采纳,并将作为城市发展的政策方向。

规划、设计与管理中的生产力多样性原则与文化多样性的整合原则都源于这种哲学观。按此逻辑,将城市土地视为对城市的生物健康及生活质量必不可少的功能性需要,也同样体现了这种哲学观。我们需要出台一项政策,鼓励商业与社区花园的创造,充分利用现有的废弃能源与土地资源,鼓励那些可以自我持续的城市空间的永久存在。这一政策还应为经济萧条及高失业率的当代社会提供真正的经济效益,并且为维护邻里社区的凝聚力和稳定作出贡献。作为工作环境,一定程度上讲,公园在经济上也应是自我维持的,它们应能为人类在食物和服务方面的投入提供回报,并满足人们不断变化的需要。

从医疗和健康方面来看,很多人都将城市农场作为接触土地及自然的新途径。而另外一些人则将其看做创造物美价廉食物的必要手段。这在发展中国家尤其重要,那里的一些新兴都市的就业、食物及经济复苏的压力,都迫使人们移居到政府专属用地或未开发利用的荒地上谋生。而生产力的理念为城市设计提供了更宽广的视野,从基于生态与社会角度的管理实践中汲取灵感,并理解人类的渴求,都需要我们维持自然与文化环境的多样性,而审美的灵感也应来源于此。城市农业还将超越城市,走向区域,进而影响城市扩张的形态、我们与土地的关系以及城市的可持续性。

四、城市农业

许多城市正在创造新的局面:传统意义上发挥提供公众休闲娱乐设施职责的公共权力部门正日益变得能力不足,而草根阶层的人们却作为参与者和发起者,逐渐参与到影响其自身及其社区的各种决策中来。英国和北美大陆的经验表明,只有那些将其根基、家庭及未来都根植于社区邻里的人群,才能解决城市中普遍存在的物质环境衰退问题及满足各类社会需求。"城市农场"作为公园绿地的替代形式,是在 20 世纪 70 年代早期开始发展起来的,当时主要是为了将当地社区的废弃地利用起来,使其重新发挥作用。而城市农场运动也将牲畜养殖作为其重要组成部分。

接替"城市农场咨询服务"组织继续展开工作的是遍布全英国的慈善团体——"城市农场与社区花园联盟"。它发挥着支持者与开发者的作用,代表了当地的许多行动倡议,包括城市农场、社区花园、学校农场网络、社区配给地以及那些参与到公园工程当中的有关社区群体。其任务是推动规划实施,帮助获取资金,以及为社区提供专家帮助及建议。它的最初目的是为人们创造可以丰富和发展自身生活的各类机会,促使人们积极参与其中,并为此提供就业机会和传授工作经验,通过鼓励有机农田和花园而为土地保护作出积极贡献。联盟从内政部的"活力社区单位"项目获得 7.5 万英镑的核心基金,从教育与技能部获得"青年发展工程"项目的 3 万英镑资助。其他基金还包括 10 万英镑彩票、慈善信托、私营公司的赞助或捐款,还有会员费、房屋租赁费、顾问费、会议费及出版物售卖所赚的钱。城市农场由独立的社区组织建立,由当地人运作,可以适应自身社区不断变化的特定需要而对开发计划制定决策。他们提供作物种植、牲畜饲养方面的知识,有时也会涉及造园、园艺和牲畜管理方面的主题。另外,还可以提供其他课程或说明,这取决于不同社区的需要,比如作为第二语言的英语和计算机技能。他们的收入来源很多,包括当地政府、公司、慈善信托、捐款以及从农田里赚来的钱,比如马术学校的学费。

一般城市里的动物园像养宠物一样,把动物在农场里的那种自然属性消磨殆尽,正因为如此,我们应该强调积极参与而不仅仅是袖手旁观。可参与的活动是很多样的。例如,很多城市农场饲养着不同的牲畜,如绵羊、马、牛、山羊、鸡和兔子,园地里给个人提供共享的设施和公共土地管理,包括商店、作坊、骑马中心或园艺品卖场。一些大型的建设完备的农场,其商业收益也颇丰,甚至足够保证额外的生活开支。例如,设菲尔德的希利城市农场就赚取了不菲的利润,为一度被冷落的周边社区创造了大量工作岗位,在这些就业的员工中有 83% 曾经无业,有 60% 就住在农场周边 1.5 公里的范围内。健康监察员会定期造访社区,监测其公共卫生和健康方面的需求。

五、农作物种植与设计

那些为了生计而从事土地耕种的都市或近郊农民,事实上维持和增进了土壤的肥力,同时无论从生产还是审美的角度,都为城市创造了可观的土地产出。我们一直认为宜人的环境质量是乡村景观的专利,但在城市里搞农业让我们认识到,其实能吃的作物同样也有景观价值。通常,城市公园中的植物基本上都没什么营养价值。常规的景观种植不会使用卷心菜、红花菜豆、南瓜或其他可食用的植物,但其实如果我们能同样以设计的眼光看待它们的话,它们从纹理、形态、色彩上也是具有审美品质的。以往的城市景观设计都有意识地强调娱人之用而不让植物有果实,能结果实的作物只跟私人园地有关,而城市里只种观赏植物,那些本来结果的苹果、樱桃和杏树也都被改造成只开花的观赏品种,使它们成为单一审美设计理念的牺牲品。

其实,在设计中,可食用植物有很多选择,数量上并不逊于纯观赏植物。罗莎琳德·克里西的著作《可食用景观全书》中就为居住区花园举出了几百种可食用的植栽作物,从乔木、灌木到地被不一而同。它对设计的启示已经超出了私家园地的界限,而适用于城市的大规模公共区域。城市的行道树完全可以种植果树,果树可以生长在贫瘠的土地上,同时以果实来回报城市。加利福尼亚戴维斯市成立了一个主张创新与能量保存的组织"乡村之家",他们在社区的公共空间里种植杏树,建立葡萄园,沿着街道和自行车道种植橘子、苹果、榛子等果树。当然,为了使果树能结果,这些果树是需要精心维护的。在荷兰,因为城市发展而被迫移除的老果树被集中移植到城市休闲区域。在许多文化社区里,葡萄架为公共空间、建筑、平台与花园提供了遮阴。葡萄、扁豆、红花菜豆等作物色彩艳丽,具有强烈的视觉冲击力。

设计中的审美取向与不同文化的社会特征相关,我们应该关注的不是景观到底该是什么样子,而是应去理解和推动"审美观无优劣"的理念。不同的种族和生活方式,会导致审美观的不同。强迫具有不同审美价值观的人们接受相同的东西,使得我们开始反思设计师在现代城市的作用这一问题。

六、日照生态农业

(一)生态农业布局

根据日照市的实际情况进行农业布局的优化与调整,努力构筑平原区农业及粮食种植区域带,中部低山区林果、瓜菜生产加工区域带,山地、丘陵、平原畜牧业养殖加工区域带,东部沿海区水产品养殖开发区域带,生态林业区域带五大区域带。

1. 平原区粮食种植区域带

平原区主要包括东港、岚山、莒县、五莲的 18 个乡镇,区内以棕壤土为主,河流较多,是日照主要的灌溉农业区,由于开发历史较长,该区耕地的有机质含量普遍偏低,中低产田面积较大。要改善生产条件,发展种植业,将莒中平原、莲北平原和 204 国道两侧确立为粮食生产主产区,实行规模化生产;在难以大幅度增加粮食种植面积的情况下,应以提高粮食生产的科技水平和提升作物品种档次为突破口,以优质小麦和优质花生为重点,加快优良品种的引进、培养和推广,提高粮食复种指数,不断提高粮食的单产和总产;建设和发展无公害农产品、绿色农业、有机农业基地,加快农产品加工业的发展,提升农产品质量和档次,开发品牌农业;由于日照市现有耕地中水浇地面积不到耕地总面积的 65%,应配套完善灌溉渠系、排涝渠系,提高综合抗灾能力,力争建成高标准、高产、高效农业及粮食种植区。

2. 中部低山区林果、瓜菜生产加工区域带

山丘区占日照市面积的 60% 以上,范围涉及东港西部、莒县东部和西北部、五莲西南部,土壤肥力低、土层薄、有机质缺乏、植被覆盖率低,建设重点是调整林牧产业结构,推行高效生态农业模式,大力发展林果栽种、蔬菜大棚和农副产品加工业。中西部、北部山丘区条件较好的地方以干杂果为主,东部及四周平原区选择新品种水果、花卉、茶桑等,河滩、水库上游淤积地带,土层深厚的山脚地、村庄周围,公路两侧等地发展用材林,其中林果业加快建设以茶叶、板栗为主导产业的综合性农业基地,开发以花卉为中心的专业性农业基地,瓜菜生产扩大芦笋、大姜栽培,积极发展高档菜、精细菜和无公害蔬菜,同时带动果蔬产品加工业发展,提高农产品加工率和商品率;对坡度较陡的耕地,全部退耕还林还草。

3. 山地、丘陵、平原畜牧业养殖加工区域带

按照日照市山区、丘陵、平原各占三分之一的地形结构特点，分别建立与当地资源相适应的畜禽生产基地。建立三大畜禽生产区域带，山区、丘陵土层较薄的地方，推行退耕还林还牧，以发展牛、羊为主，针对有些山坡斜度较大、不宜养殖牛羊等大型牲畜的情况，养殖家兔、山鸡等小型家禽；平原地区要利用粮食、秸秆多、饲料充足的有利条件，以圈养猪、家禽、牛为主；城郊、沿海等地区要重点发展奶牛和特种动物，区域之间优势互补，相互促进，同时带动畜产品加工业的发展，结合市场需求，因地制宜，搞好生产、加工和市场的衔接，不断提高农产品档次。

4. 东部沿海区水产品养殖开发区域带

该区涉及东港区和岚山办事处两地的 7 个乡镇，拥有 6 条河流入海口、7.6 万亩滩涂和广阔的海洋资源，沿海海域水质肥沃、无污染、水流畅通，沿海滩涂地势平缓，是各种鱼虾贝藻繁衍生息的良好场所和洄游通道，水产资源丰富，海洋捕捞潜力大，海域生产力较高。要搞好滩涂养护，将沿海滩涂进行综合利用，建设滩涂养殖带，发展贝类、文蛤、蛏子养殖；以东港、岚山海域的浅海为重点，建设浅海养殖基地，大力发展扇贝、紫菜、海带等立体综合养殖，加强基地育苗、养殖、加工配套管理，力争经济效益稳步增长；大力发展远洋渔业，同时加强海洋生态保护措施，在保护好生态环境的前提下，有计划地开发和利用资源，扩大出口，获取综合经济效益。

5. 生态林业区域带

按照地域区划分为防护林体系，即山区防护林体系、沿海防护林体系、平原防护林体系和城镇绿化体系。山区防护林体系，以莒县北部、五莲县西部和东港区西部为重点，对荒山荒坡大力植树种草，重点实行封山育林，努力增加森林植被，扩大野生动植物物种资源。沿海防护林体系,涉及东港区和岚山办事处的沿海地区,以沿海基干林带断带补植,林带加宽,沿海公路主体绿化,退耕还林为主攻方向,通过造林补植等措施,增加植被覆盖率。平原防护林体系,涉及莒中平原和东港、岚山的滨海平原,大力开展植树种草,营造防风固沙林和农田林网,逐步建立起稳固的农林复合生态系统。城市绿化以城市周围主要河流的水源涵养林、城市公共绿地、部门绿化和城围陆域大林带建设和山区绿化为主攻方向,建成乔、灌、花、草相结合,生态、经济、观赏树木相结合的园林式城市。村镇以四旁植树、道路绿化和庭院绿化为主攻方向,大力栽植集生态、经济、观赏为一体的优质树种,提高村镇绿化档次,改变树种单一格局。通过四个层次的林区建设,改善整个日照地区的生态环境。

(二)日照市生态农业重点发展领域

坚持适应市场、因地制宜、突出特色、发挥优势的原则,围绕国内外市场需求,提高农业综合效益,结合生态农业的布局,加快优化调整农业产业和产品结构,确立主导产业和产品,发展优势产业,扶持新兴产业,通过示范带动和服务,膨胀规模,形成各具特色的专业区域,大力发展特色生态农业。

1. 大力发展优势产业

围绕日照特色产业,培植各类专业户、专业村,通过示范带动,进而辐射膨胀,形成各具特色的专业乡镇、专业区域和专业片。同时,有计划地建立各类种养专业小区、专业经济带,提高产业和产品的聚集度和规模化、集约化水平。针对日照的资源现状,建议重点发展以下优势产业。

(1)花生生产与加工。日照市土质沙壤,透气性好,日照时数长,非常适宜花生种植,一直是山东省花生生产基地,东港、五莲、莒县均有花生种植区,种植面积较大,其生产的花生品种多、品质优,主要以出口为主,中国加入世贸组织后,欧盟部分国家已对我国花生出口解禁,与国外农产品贸易会逐步增长,日照应当以此为契机,扩大花生生产规模、增加花生产量。扩大东港三庄镇、莒县棋山镇、五莲叩官镇和街头镇花生生产基地的面积,逐步提升基地档次,针对花生生产中技术落后、机械化程度不高的问题,大力推广机械化生产,充分发挥各区县花生生产机械化示范镇、示范户的作用,进一步提高当地种植户对花生生产机械化的认识,提高花生生产机械化的普及使用程度;同时,应充分利用其原料丰富,劳动力资源丰富的优势,大力发展花生加工业,研究、改善加工工艺,研制开发花生深加工产品,增加新品种、新花色,并且组建集花生生产、加工、销售和新产品开发于一体的大型花生产业化企业,最终使花生发展成为日照农业的强势产业。

(2)茶叶生产与加工。茶叶一直是日照的特色产品,在东港、五莲部分地区,尤其是东港,境内地势以丘陵为主,光照充足,雨量充沛,土壤呈微酸性,含有丰富的有机质和微量元素,是山东省少有的茶树生长适宜区,这里生产的绿茶具有历史久、规模大、内质好、无公害四大优势,及叶片厚、滋味浓、香气高、耐冲泡等鲜明特点。目前该区茶叶生产基本上处于自然管理和分散经营状态,存在着种类多、规模小、价格低、商业优势不明显等问题,本着充分利用资源优势的原则,把茶叶生产确立为该区农业特色优势产业,进行重点培植,实施茶叶基地开发,加快"江北第一绿茶基地"建设步伐,迅速扩大茶园面积和规模,提高、优化茶叶品种质量,加大有着成功引进经验的福鼎大白毫、龙井 43 号等优质无性苗和茶籽的引进力度,充分发挥规模效益和产品内质优势,促进区域特色经济的发展,巩固全省最大的"无公害茶叶生产基地",大规模推广冬季茶园覆膜技术,从而体现出日照茶与北方大部分地区相比"人无我有"的优势,与周边地、市相比"人有我多"的优势。同时采用吸引外资、与大企业联合、股份制等多种形式兴建茶叶加工龙头企业,最终形成产、加、销一条龙,贸、工、农一体化的茶叶产业化格局。

（3）板栗种植与加工。日照发展板栗生产有着悠久历史，境内的五莲、莒县境内土壤肥沃，光照充足，降雨丰富，各种自然条件都非常适宜板栗生长。本着立足本地实际、发展特色产业的原则，规划以黄墩镇为中心，辐射周边乡镇，带动全市低山丘陵地区发展板栗种植，把板栗生产作为一项兴市富民的主导产业来抓，大力引进优良板栗品种，改善板栗品质，根据日本栗早期丰产性强、果大饱满、产量高、色泽鲜艳、味美、营养丰富等特点，在全市推广扩大日本栗种植面积，提高本市板栗产品的档次和价格，通过板栗种植园区域化、专业化生产，带动板栗加工业发展，由于目前日照市尚无板栗系列化深加工企业，所产板栗主要以外销为主，可引进资金、设备、技术，通过合作或合资的方式建设现代化板栗加工厂，加强板栗产品的精深加工，提高板栗产品的附加值，以创建板栗品牌为目标，大力引导和扶持板栗种植农户，切实把板栗品牌做大做强做优。

（4）芦笋生产与加工。日照市莒县四季分明，境内拥有适宜芦笋生产的土层深厚、质地疏松的沙壤土，发展芦笋种植业的条件得天独厚，目前全市98％的芦笋种植基地分布在该县，其芦笋种植基地规模大、档次高，生产的芦笋风味独特，口味鲜美，营养丰富。规划以莒县小店镇一点为主，安庄镇、洛河镇两点为辅，在三镇现有芦笋种植基地特别是小店镇江北最大绿芦笋生产基地的基础上，以点连线，以线扩面，带动整个莒县乃至整个日照市芦笋生产、加工业的发展，充分发挥该区芦笋种植时间长、经验丰富的优势，发展高质量、高效益、高产量的特色芦笋生产，扩大示范种植规模，同时聘请专家对农民进行芦笋栽培技术培训，重点培养技术骨干，让农民放心、放胆种植芦笋。引进外来优势品种，培植新品种，在扩大芦笋种植面积的同时提升产品档次，针对中国入世后芦笋出口供不应求、价格直线攀升的现状，大力发展芦笋加工业，生产国际上适销对路的新产品，开发药用芦笋、观赏芦笋、芦笋茶等品种，适时打出自己的品牌，以日本、韩国、东南亚、美国等地为目标，扩大速冻及保鲜芦笋产品的出口，使芦笋业快速发展,走上规范化、产业化的道路。

(5)特色海淡水育苗、养殖与加工。日照是全国最大的水产养殖基地之一,盛产牙鲆、大菱鲆、刀鱼、鲅鱼、黄花、文蛤、海螺、扇贝、紫菜等上百种海洋水产品,是海水育苗、养殖的优良区域。规划利用海州湾渔场的资源优势,发展精养、工厂化、集约化为代表的设施渔业,针对东港涛雒镇、岚山街道等地水域水质好、饵料丰富的特点进行重点开发建设,发挥两地已有海淡水养殖基地的辐射作用,带动周边乡镇积极拓展浅海养殖,合理布局,改进海水养殖模式,综合开发滩涂养殖、潮间带养殖和浅海养殖立体养殖模式,搞好水产种子工程建设,迅速提高名优品种的繁育能力,尽快形成水产苗种生产的规模化、名优化、系列化,大力发展贝、藻养殖,积极发展深水抗风浪网箱养殖模式;加快开发淡水渔业,以涛雒万亩淡水开发,莒县、五莲水库网箱养鱼开发为重点,发展河蟹、黑鱼、锦鲤、黄鳝等淡水名优产品;培植海产品加工龙头企业,进一步提高水产品精深加工和保鲜技术,提高水产品的附加值,加强基地育苗、养殖、加工配套管理,利用国内外两个市场,两种资源,扩大来料加工、来样加工规模,注重加强与日本、韩国两国合作,扩大出口,力争经济效益稳步增长。

2. 重点扶持新兴产业

因地制宜,发展效益农业,在搞好日照传统优势产业的同时,还应着重寻找新的经济增长点,开发新兴产业,使优势产业与新兴产业相互促进,形成优势产业带动新兴产业,新兴产业推动优势产业的局面,分析日照实际情况,确定发展以下农业新兴产业。

(1)花卉育苗与栽培。随着人们生活水平的不断提高,花卉已进入各种消费者的家庭,特别是一些节日的需求量很大,花卉产业市场有着巨大的发展潜力,日照四季分明,年平均气温适中,水质、土壤均显微酸性,经荷兰专家鉴定,是发展各种花卉苗木的首选佳地,是全国花卉产业化开发起步较早、具有比较优势的地区,日照要充分发挥本地的地理气候优势,抓住机遇,大力发展花卉产业。目前莒县招贤镇花卉面积已发展至 1000 亩，日照街道办事处花卉面积发展到 2570 亩，规划以招贤镇和日照街道办事处两处为中心，两相呼应，同时带动周边乡镇，建设北方第一个大规模花卉培植基地，重点发展鲜切花、盆花、花木盆景和绿化苗木，加强对主导产品的研究开发力度，建立花卉苗圃基质库，加大科研力量，依靠科技发展南花北植、北花南植，坚持高点起步，积极引进培育国外科技含量高的名、特、优、稀、贵花卉品种，如从荷兰、德国引进海棠、一品红等世界名优花卉的种球、种苗，同时突出对玫瑰花系列、百合花系列等品种的培植，实现中高档花卉产品的标准化经营，针对日照本地花卉产业由于资金不足、尚未形成规模的现状，采取"基地＋公司＋农户"模式，先由政府投资建基地，随之招商引资找市场，最后带动本地农民奔小康的三步走战略，逐渐形成以企业为主导、广大农户为主体的发展格局。同时，举办花博会，扩大日照花卉知名度，并在招贤镇等地建立专业花市，借助日照良好的交通优势，使之成为花农售花卖花的主要渠道和南花北运、北花南运的重要集散地；进一步完善市、县、乡三级花卉营销网络，努力开拓国内国际两个市场，国内销售方向主要为上海、北京、广东、天津、哈尔滨、沈阳、乌鲁木齐、石家庄、郑州、南京等大中城市，建设全国花卉销售网络，国外销售方向主攻日本、韩国，不断提高经济效益，使花卉向规模化、集约化、产业化方向发展。

（2）奶牛养殖与乳制品加工。目前日照奶牛养殖、乳制品加工仍处在起步阶段，养殖加工基地尚未形成规模。针对城郊、沿海等地乳制品、肉制品需求量大的特点，结合日照现有基础，依托交通便利的优势，将奶牛养殖和奶业确立为今后几年的发展重点，主动适应农村城镇化和小城镇发展趋势加快的要求，推行"奶牛下乡、牛奶进城"战略，引导分散养殖向规模经营、标准化生产的养殖小区集中，在原有的奶牛饲养量较大的乡镇如东港后村、黄墩、陈疃的基础上，建设生产基地，以增加奶牛数量、提高质量为核心，加快良种繁育速度，实施黄牛"奶改"工程，不断扩大奶牛群体,培育高产奶牛,提高奶产量和产品质量档次。考虑到日照本地乳制品加工企业拉动力弱的实际,通过招商引资,加速建设乳制品加工企业,带动奶牛业的发展,因地制宜,搞好生产与市场的衔接,实现奶业发展质的飞跃。

(3)大姜种植与加工生产。莒县农业资源优势突出,物产丰富,大姜生产历史悠久,生产经验丰富,技术全面、先进,生产的大黄姜块大、色正味纯,备受国内外客商青睐。2002年峤山镇大姜种植片被确立为省级农业标准化示范区,发挥峤山镇土壤肥沃、水源充足等得天独厚的自然优势,以该镇为中心,发展大姜的规模化种植,继而带动周边乡镇迅速扩大大姜种植面积,形成以峤山为中心的莒县大姜生产基地。在大姜规模化生产的同时,适应国际市场的需求,打造国际标准化农产品和具有国际品牌竞争优势的农产品,引导姜农按照绿色食品技术操作规程进行标准化生产,使大姜在质量上上档升级,同时完善对大姜的精、深、细加工,按照生姜—姜片—姜黄素的经典模式,促使大姜加工企业做大做强,最终在大姜种植业的带动下,一业多兴,使加工业、运输业、餐饮业迅速发展起来,使大姜生产真正成为一项富民产业。

3. 循环链接模式

根据日照市的资源优势和现实情况,构筑以下符合日照实际、具有日照特色的生态农业发展模式:

(1)生态农业—旅游业循环链接。把日照市生态农业建设与旅游业发展结合起来,充分发挥本区的资源优势,以适宜发展生态农业、林果业观光旅游的黄墩镇优质日本板栗园、巨峰镇千亩茶叶示范园、招贤花卉种植园、寨里河乡樱桃园等地为重点,借助生态观光旅游业的推动作用,加速发展特色农业生产基地,提升基地档次,使生态农业与旅游业获得双赢,如图5-7所示。

(2)畜牧业—种植业型生态农业模式。日照市种植业在大农业中比重较大,大量的秸秆得不到开发利用,而肥力不足往往是农业持续高产的主要限制因素,因此要将畜牧业与种植业联合发展。依托当地的饲料工业、养殖业和加工业,鼓励引导农户和村集体共同出资筹建生态高效养殖园,种植经济作物,农作物秸秆加工处理后作为饲料,牲畜的粪便经生物处理后加工成有机肥料用于作物生产或发酵形成沼气后用于养殖户做饭及照明,以此构筑生态种植业—生态饲料加工—生态养殖业—有机肥料—生态种植业的良性循环产业链,如图5-8所示。

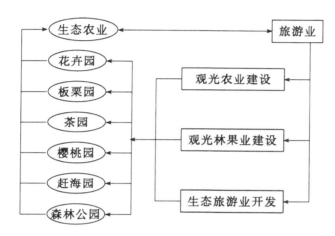

图 5-7　生态农业—旅游业循环链接模式

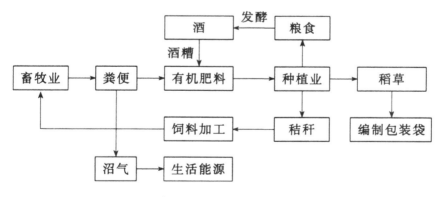

图 5-8　畜牧业—种植业循环链接模式

（3）林果—桑蚕—畜牧联合发展型生态农业模式。五莲、莒县属山丘区，土壤肥力低、有机质缺乏、植被覆盖率低，要重点发展林果、桑蚕、畜牧业，封育、改良天然林地、天然草场，搞好退耕还林、还草，扩大经济林、用材林地面积，逐步建立畜牧养护区，针对斜度较大的不适宜养牛等大型牲畜的地区，改养山鸡等小型家禽，形成林果、桑蚕、畜牧联合发展的局面，如图 5-9 所示。

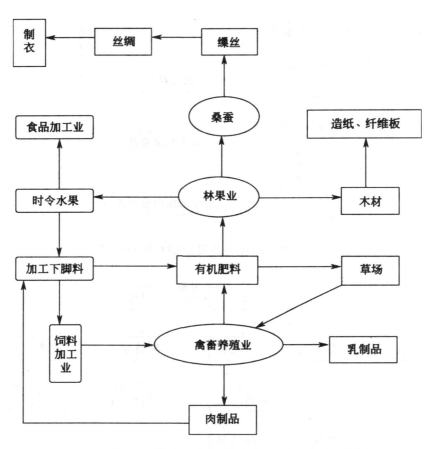

图 5-9 林果—桑蚕—畜牧联合发展型生态农业模式

（4）畜牧业—蔬菜大棚型生态农业模式。日照市莒县、五莲光照充足、土地肥沃、水资源相对充足，适宜于蔬菜生产、花卉栽培，同时畜牧业也有一定的基础，因此，应将大棚菜、花卉种植与畜牧业联合发展。在开发方向上，以蔬菜大棚建设为中心，发展无公害蔬菜,带动食品加工业发展;大棚生产为畜牧业产生饲料,牲畜粪便经处理后为大棚、花卉增加肥料,形成大棚、畜牧双收的局面,如图5-10所示。

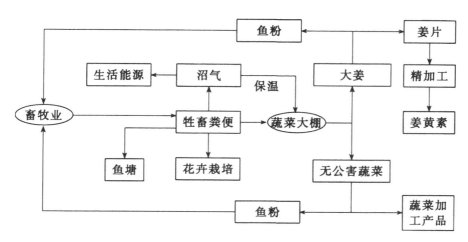

图5-10　畜牧业—蔬菜大棚型生态农业模式

　　(5)水产养殖业循环模式。东港、岚山濒临黄海,海域水质清新、无污染、营养丰富,是海水育苗、养殖的优良区域,水产资源优势十分明显。规划以水产养殖业为核心,结合畜牧业、种植业,大力发展水产品加工业,重点发展精深加工,提升加工档次,形成涵盖冷冻保鲜、鱼粉、鱼糜、鱼油和海洋生物等的多层次水产加工体系,同时带动海洋生物、海洋药物、海洋保健品等新兴海洋产业,拉长渔业产业链,如图5-11所示。

　　(6)花卉生产—加工—流通产业链。随着人民群众生活水平提高,城市建设的加快,对家庭、住所、道路等美化要求也越来越高,花卉的市场需求也越来越大,市场供求矛盾已经凸现。日照应发挥本地花卉种植优势,以花卉种植业为基点,发展观赏型、食用型、药用型、饮用型花卉,同时举办花卉博览会,带动餐饮、旅游业的发展,以花为媒,打造"花木之乡"的品牌,建立中国北部地区最大的花卉交易市场、贸易集散中心,推动花卉产业链的形成,如图5-12所示。

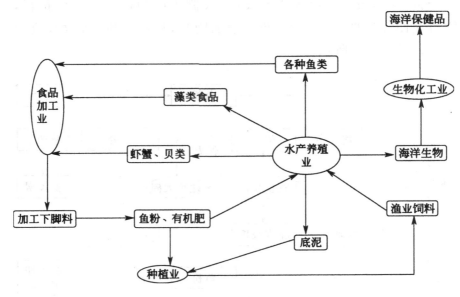

图 5-11　水产养殖业循环产业链

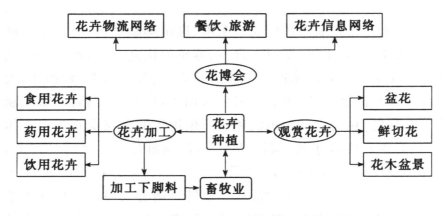

图 5-12　花卉生产—加工—流通循环链接模式

（7）城郊型生态农业模式。城郊型生态农业具有向心式结构，它以城市需求为导向，依托城市的良好区位、资金、技术、信息及设施条件，能够获得高生产率和高效益。将生态农业发展布局与城市规划结合起来，在日照市区和岚山、莒县、五莲这些区县城镇的郊区和外围有计划地培育城郊生态农业，构筑起以城市为核心的城郊型生态农业发展模式,以取得良好的经济效益和生态效益,如图 5-13 所示。

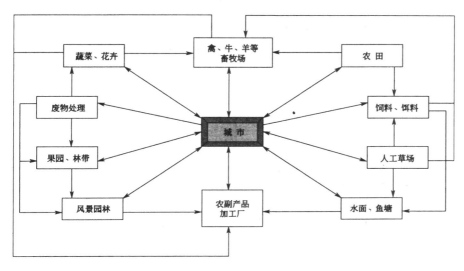

图 5-13　城郊型生态农业循环链接模式

第二节　小城镇生态工业规划

一、必要性

小城镇是商品集散地,可以把城市和乡村两个市场结合起来,在城乡商品流通中起着桥梁和纽带作用;小城镇是乡镇企业的发展基地,对于乡镇企业相对集中建设,形成企业规模经营和聚集效益,改善生产力布局,发展第二、第三产业起着重要作用。不少小城镇经济发展迅速,经济实力不断增强。据有关统计,预算财政收入达 5000 万元的小城镇达 3259 个,浙江温州乐清市柳市镇 1997 年国内生产总值达 20.2 亿元。不少明星城镇乡镇工业发展引人注目,其产品在全国已举足轻重,江苏吴江市七都镇的通信电线、光缆占全国市场销量的 1/7。

现代经济的轴心是企业,而担当了半壁江山的乡镇企业,在这一轴心中的地位和作用越来越重要。一是乡镇企业的发展为小城镇建设提供了经济基础。二是为小城镇吸纳人口提供了条件,为农村剩余劳力的转移提供了机会,成为农村人口聚集的据点,改善了劳动力布局。三是为沟通城乡市场起到纽带作用,乡镇企业的商品需要进行城乡大流通,城市商品需透过小城镇向广大农村辐射交流,乡镇企业是这一交流最活跃的因素。四是缩小了城乡差别,乡镇企业以资源、劳力对城市的价格比较优势,吸引城市技术、资金、信息、人才向农村合理流动,改变了长期以来农村向往城市的习惯,密切了工农联盟。五是乡镇企业的发展为农村非农产业的发展提供了广阔舞台,围绕工业产品交换的商业、服务业、运输业、建筑业等应运而生。六是乡镇企业促进了区域经济的发展,促进了乡镇企业向小城镇集中、连片开发的趋势,促进了小城镇作为区域经济的聚集地功能。七是乡镇企业成片向小城镇的集中发展,推动了小城镇的市政公用设施建设,推动了小城镇建设水平。八是乡镇企业的发展,从根本上改变了以往工业发展过分强调城市、忽略农村,造成工业与农村二元经济背离的弊病。

(一)乡镇企业的产生、形成和发展,开辟了我国市场经济发展的独特道路

我国乡镇企业的产生、形成和发展,有自己独特的道路,是对原计划经济体制进行市场取向改革的必然产物,开辟了一条有中国特色的工业化道路,成为市场经济发展的巨大推动力。以湖南乡镇企业为例,近二十年来不断发展壮大,以超常规的增长速度在国民经济总量中占据了 1/3 的份额,成为农民收入增长的重要渠道,吸纳农村劳动力的重要途径。在一些乡镇企业比较发达的地方,已成为县域经济的重要支柱,县乡财政收入的主要来源。像长沙、浏阳、醴陵等财政大县,乡镇企业交纳的税金占本县地方财政收入的 70% 以上,真正体现了"农村的希翅"。

（二）小城镇的形成、发展,是推动传统农业向现代农业转轨的重要途径

工业化与城镇化的发展水平,是一个国家和地区现代文明与社会进步的重要标志。我国全国总数不足 20% 的人口密集在200 多个大中城市,而占全国总数 80% 以上的人口分散在农村,在拥有 13 亿庞大人口的中国,走人口集中于大城市的发展道路显然不符合中国的国情,其城镇体系的规模结构应该是大中小城市和小城镇协调发展,各自承担不同的功能,做到优势互补。小城镇有着其特有的交通、能源、科技、通信的中心,人流、物流、信息流集聚效应和辐射功能,带动和辐射农村经济的发展,发挥着城乡之间的桥梁、纽带作用,同时也促进了我国小城镇迅速崛起。湖南小城镇由 1985 年的 544 个发展到目前的 1097 个,其中大部分是依靠乡镇企业发展起来的。发展小城镇已成为传统农业向现代农业转轨的重要途径,并将发挥着越来越显著的作用。

（三）乡镇企业与小城镇建设互促互动、互为依托、共同发展

乡镇企业和小城镇是我国农村改革过程中共同成长的两个相互依存的孪生兄弟,乡镇企业为小城镇的发展提供经济支撑,小城镇为乡镇企业提供发展载体,两者唇齿相依,这是市场经济发展的必然,也是乡镇企业自身发展的需要。由农村基层组织或个体投资者自身力量建立起来的乡镇企业,往往因布局分散、设备简陋、规模较小、技术落后等原因,在激烈的市场竞争中风雨飘摇、优胜劣汰,同时还对生态环境造成极大的压力。若能在技术上、规模上、档次上形成集团化、集约化生产经营,则可提高市场竞争力。小城镇和工业园区正是适应市场经济规律,集聚乡镇企业,形成产业化经营的有效场所,它可以降低生产成本、技术成本、交通成本、通信信息成本,提高劳动生产率,赋予小城镇经济以旺盛的活力,创造新的经济增长点,推进工业化、城镇化、农业产业化进程。

(四)两大战略共同发展的对策建议

发展乡镇企业和小城镇是相辅相成、互促互动的两个方面，必须正确引导、合理规划、积极扶持、依法管理。首先，各级政府对小城镇要统筹考虑，本着有重点、因地制宜、相对集中、集聚规模的原则，根据其区位优势、产业优势、资源优势来确定并制定小城镇建设的科学规划，把工业园区、工贸小区建设纳入小城镇建设进行合理布局，引导乡镇企业向城镇集聚，向工业园区集聚；第二，要把农产品加工业作为乡镇企业的主攻方向，提高第三产业的比重，同时要突出主导产品，培育龙头企业，使之形成地方特色的支柱产业；第三，深化乡镇企业机制改革，努力提高乡镇企业发展水平和市场竞争力。

二、小城镇工业开发存在的问题

随着社会进步和小城镇的发展，乡镇企业在发展进程中也暴露出很多弊病，尤其是对土地资源的严重浪费，生态和环境资源的无效利用，所导致的土地利用问题、生态环境问题尤为突出。简单地概括表现为以下几个方面。

(一)资源浪费和生态破坏不断加重

大部分地区的乡镇企业表现为与本地资源的相关性，乡镇企业为了尽快脱贫致富，往往只顾眼前利益，肆意乱挖滥采，甚至偷挖矿产资源，由于其技术设备简陋、综合利用率低，采富弃贫、采易弃难等破坏性开采极为常见，造成严重的资源浪费、生态破坏和巨大的经济损失。据有关部门统计，从1982年至今，乱采乱挖的黄金资源已达10多万千克，给国家造成的经济损失相当于大兴安岭火灾损失的8倍。同时在矿产资源乱采滥挖的同时，开矿废弃物的随意倾倒也使大量占用土地、水土流失、河道水库淤积等生态破坏现象屡有发生。

（二）土地利用不合理，浪费现象严重

乡镇企业缺少产业结构布局体系规划，形成产业雷同、布局分散、重复建设、重复占地的局面。有些企业为了吸引外资，迁就外商对土地的过分要求。如某省一个生产鞋的外资企业占地100亩（6.67公顷），只建了三个体量不大的单层厂房，如果建成一栋三层楼房就可以节约一半或更多的土地。类似这种过多占用土地、不能充分合理地利用土地的现象，在很多地方都不同程度地存在。对乡镇企业产业结构进行合理的规划和布局，向小城镇相对集中，才能有效地利用土地。

（三）不利于城镇化进程，经济效益低

乡镇企业分散经营，没有形成规模，用于企业改造的资金不集中，从事产品研究的技术力量分散，生产资料采购、推销、运输的人员分散更迭，造成人力浪费。布局分散、基础设施重复建设、重复投资，加重了企业负担，增大了生产成本，降低了投入与产出的比较效益。小批量生产，难以提高劳动生产率，简陋的生产设备难以提高产品质量，经济效益低下，在一定程度上不利于城镇化进程。

（四）环境污染由点到面，向区域化发展

由于村村、乡乡、镇镇办乡镇企业，家家户户搞加工，又由于这些企业工艺落后、设备陈旧、技术水平相对较低，改造投资少、污染点多面广，造成的污染难以治理。根据对全国乡镇工业主要污染行业调查数据分析，在水环境污染方面，污染较重的行业依次为造纸、化工、印染和电镀，其废水排放量占全部乡镇工业的3/4左右，其中造纸废水已相当于全国82个主要城市造纸行业废水排放量的总和；在大气污染方面，污染较重的行业依次为砖瓦、水泥、金属冶炼、土法炼焦等，这些乡镇工业对厂区周围大气的污染也不可忽视，如山西省阳城县土硫黄矿区，磺窑附近300m范围不长庄稼；云南威信县炼焦区下风向15km内的200hm^{2}树木受

害;四川省叙永县落下乡建焦厂后,由于大气污染使 893hm² 耕地粮食每公顷产量由 1950 年 3900～4500kg 减少到 1985 年的 2250kg。

对人体健康的危害越来越明显,乡镇企业严重的环境污染和农民素质的普遍低下,给职工及周围居民带来了严重的危害。据河南省安阳市调查分析,安阳市各县(区)的废水、废气单位面积指标污染负荷数与 1982—1990 年间年龄组人群寿命增长增值之间存在着明显的负相关。河南省卫生部门对部分地市县抽查的 2.44 万个乡镇企业中就有 1.82 万 90 年间年龄组人群寿命增长增值之间存在着明显的负相关。在抽查的 2.44 万个乡镇企业中,就有 1.82 万个属使用和排放有毒有害物质的企业,在被调查的 84.58 万名职工中,有 44.5 万人接触各种粉尘、毒物、有害物理因素和生物因素。通过对上述企业的 578 名职工抽查体检,发现煤矿工人中阳性检出中咳嗽占 40.07%,多痰占 45.61%,胸闷占 23.86%,气短占 12.90%;在接触铅的职工中,阳性检出率为头昏、乏力各占 25.3%,头痛占 22.5%,口有异味占 37.9%。乡镇企业污染物排放也同样给周围居民带来影响,河南省卫生部门调查,由于大量污染物污染了伊洛河及其沿岸井水,伊洛河巩县沿岸 12 个村居民的总死亡率为 781.5 人/10 万人,明显高于对照区十个村的 638 人/10 万;恶性肿瘤死亡率(167.8 人/10 万人)也远高于对照区(87.3 人/10 万人)。

由此可见,对于工业开发型的小城镇,生态建设显得尤为重要。可以这样说,生态环境优美的城镇,其吸引投资、实现可持续发展的潜力必然也大,发展前景也必然良好。工业开发型小城镇的主要的功能即是工业,这类小城镇的生态建设重点是在工业开发建设的过程中,将清洁生产、循环经济和工业生态学的理念纳入其中,建设真正意义上的生态工业园。

南海生态工业园以 21 世纪的朝阳产业且具有巨大市场需求的环保产业为主导,由核心区和虚拟区构成。核心区和虚拟区的 21 家企业作为生态工业园建设的成员单位,构建出 5 个工业群落,9 个主要的生态工业链,其中有 3 条形成闭合的循环链条。图 5-14 为南海生态工业园的生态网。

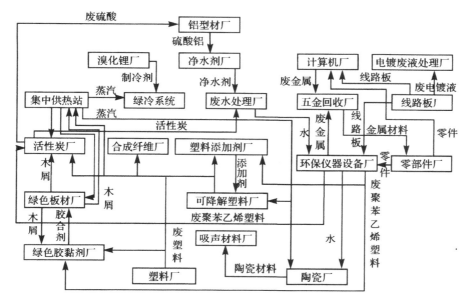

图 5-14 南海生态工业园的生态网

三、后工业场地的利用

后工业化场地为人们提供机会去重新思考传统的二分法,考虑珍稀物种或栖息地局限物种的保护,又要考虑适当且有效的措施完善自然系统创造。这样场地的关键是在自然系统中采纳非传统的审美学。使用当代科技与工业设计框架,创造繁荣的生态系统是可能的,这生态系统服务它们的地区,不用必须被回归到它们的原始形式。德国东北部鲁尔工业带上的杜伊斯堡市的一家前钢铁冶炼厂,规划师、设计师、科学家以及市民使得多重自然系统的再生成为可能。强调功能而不是形式,使用多种科技手段,追求不同的标准与目标,在杜伊斯堡市的重建满足了广大范围的观众、全体选民的需求。

这里,重新开发后工业场地、复兴自然资源与自然系统的努力,已经采取了两个不同的步骤。许多场地系统工程适应了人类的使用——可视的以及娱乐性的。但另一个再生项目则强调系统本身,把每一个优势——科技的或是政策导向性的——给予系统健康而不是人类的使用。

两个重视人类需要的重建的努力是农场学校,坐落于最早开放的土地,一系列园艺学技术的应用已经创造了独特的小花园。这些工程赞颂了文化景致的历史,描绘了人与自然的相互活动。农场学校使人类与土地之间的历史关系恢复了元气,这一关系在工业介入之前是很盛行的。花园,在那里以前的工业基础设施被用来创造微观的小气候,域外的和现存的物种能够繁荣,激起参观者与场地的情感关系。这些域外物种植物片区把它们的出现归功于工业资源的运输——一个进程,不是故意的,也从遥远的地方带来了种子和种苗。

相反,极具活性的水开发与植物保护工程重视不是来源于人类活动的系统。老爱慕斯特河,流经此地,系统地被工业用地与城市扩展所削减,开辟水道、倾倒垃圾用作排水管道等,直到它被严重污染。这一河道被人们封闭并忘记,今天为净化环境设施人们开始进行清理。在这一黑色水道的痕迹上,一只班船搜集着灰色的垃圾,把污水运送至固定的水槽,在水槽内进行净化然后释放。这一系统被一个建立在以前的面粉厂塔楼外的风塔楼所驱动着,清洁槽是以前的燃料舱、储水池以及鱼塘。

第三节　小城镇生态旅游业规划

一、旅游与环境

环境是旅游的前提,没有优质的环境,就不能吸引旅游者前来旅游,所以在某种程度上说旅游是依附环境而发展的。良好的环境是旅游业建立和发展的前提,是一个国家或地区旅游业赖以存在和发展的最基本条件。旅游环境既包括自然因素,也包括人为因素。旅游的开发取决于当地拥有旅游者所需要并愿为之支付的优美的自然和人文资源。充满情趣的未被污染的风景、海滩和山峦,古代的宏伟建筑,富有传统特色、风光绚丽的城镇和村庄等,都构成了旅游产品生产中的基本投入。过度拥挤、自然资源被不合理的利用、建设建筑物和基础设施、开展其他相关旅游活动等均对环境产生负面影响,这种影响不仅是物质的而且是文化上的。

大众化的旅游引发了一系列问题,例如环境退化、疾病传播、森林退化和随之引发的土壤侵蚀、乱扔垃圾、干扰野生动物的生活等,这一切都明确地向人类发出警告:要保护环境。但随着旅游业的强劲发展,旅游业与资源保护之间的冲突变得剧烈起来,两者之间的共存变得更加困难。

小城镇的自然资源主要指水、土资源。水、土是人类的生命之源,生存之本,是小城镇居民赖以生存和从事生产活动的基础。对自然资源的开发利用,直接关系到小城镇生态环境系统结构的演变与优化。目前,许多小城镇土地利用粗放、摊大饼式扩张,有的是搞政府形象工程,有的是圈了地闲置几年不管。而对于日趋紧张的水资源,不仅因给排水设施简陋导致污染严重,而且从人为的节约意识上而言,造成的浪费也十分惊人。绝对不能把水土资源视为取之不尽用之不竭的。即使是土地扩展潜力大,水资源暂且充足的小城镇,随着经济的发展、规模的扩大,人均资源必然减少。

同样,各个历史时期遗留下来的古建筑和古村落等,其中有相当部分具有较高的历史文化价值,近年来也受到了不同程度的破坏。其实在保护好文物古迹的同时,它们也已经或将成为当地宝贵的旅游资源。

二、我国生态小城镇规划建设存在的问题

我国小城镇的生态环境形势不容乐观,存在主要问题如下。

（1）小城镇人均建设用地普遍偏高，一些小城镇求大求全，占用土地面积过大，土地资源破坏和浪费严重。

（2）生态环境意识淡薄，产业结构和布局不合理。乡镇企业大多以原料开采、冶炼及简单加工制造业为主，环境污染、生态恶化相当严重，部分乡镇企业甚至对生态环境造成了毁灭性破坏，一些地区还继续将污染工业向小城镇和农村转移，小城镇的上述生态环境问题已成为我国生态环境的突出问题之一。

（3）小城镇基础设施和公共设施滞后，配套很不完善，特别是缺乏污水处理、垃圾处理和集中供热设施，使小城镇环境卫生、环境污染成为严重问题。

（4）生态建设的非自然化倾向十分突出，普遍存在填垫水面、砍伐树木、破坏植被、人工护砌河道等的非自然化倾向。有的地方甚至造成对当地自然物种的浩劫，加剧小城镇生态恶化。

（5）防灾减灾能力薄弱和对自然、文化遗产保护及生态环境监管不力，造成自然生态和文化生态的破坏。

三、旅游规划的特征

旅游规划和其他类型的规划相比较，主要具有下述特征，即系统性和综合性，层次性和地域性，基础性和前瞻性。

（一）系统性和综合性

旅游规划从字面上看，即"对旅游的规划"，这里的旅游指现代旅游系统，因此，旅游规划的内容理应包括与旅游系统及其发展谋划有关的全部方面。旅游系统及其发展所涉及的部门、因素繁多，按照人们普遍接受的从旅游综合体的角度界定的"三要素论"的划分，旅游活动是由旅游者（旅游活动的主体）、旅游资源（旅游活动的客体）和旅游业（旅游活动的媒介）三个要素构成的；按照从旅游活动角度界定的"六要素论"的划分，旅游活动是由食、宿、行、游、购、娱六个要素构成的。旅游规划就是在综合分析各部门和各要素发展历史和现状的基础上,提出区域旅游系统的发展目标及为实现既定目标的行动部署,因此旅游规划具有较强的系统性和综合性。

(二)层次性和地域性

任何一个旅游规划都是针对一个具体区域的规划,以中国为例,最大范围的旅游规划为全国旅游发展规划,向下依次为跨省区的大区域旅游发展规划,如西北旅游发展规划、西南旅游发展规划等;省(自治区、直辖市)级旅游发展规划,如北京市旅游发展规划、浙江省旅游发展规划、内蒙古自治区旅游发展规划等;地区(地级市)级旅游发展规划,如皖南地区旅游发展规划、鄂尔多斯市旅游发展规划等;县(县级市)级旅游发展规划,如牙克石市旅游发展规划、凉城县旅游发展规划等;最小范围的应为小城镇和旅游景区(点)规划,如黄山风景区规划、北京市门头沟区妙峰山镇旅游发展规划和凤凰山庄旅游区规划等。旅游规划应针对具体地域范围而有所不同,但不同地域层次的规划之间应是相互联系、相互制约和相互转化的关系,较小区域的规划应该遵循和符合较大区域规划的部署和安排。

(三)基础性和前瞻性

旅游规划工作本身,需要收集大量的基础性资料,需要对影响旅游地发展的自然、社会、经济背景等方面的基本情况进行详细的调查、分析,特别是对规划范围内的旅游资源状况、旅游产品的可能市场需求要认真进行研究。上述工作为旅游规划前期的基础性工作,此项工作的认真扎实与否直接影响旅游规划的质量。同时,旅游规划一般要求对旅游地近期(5 年以内)、中期(5～10 年)、远期(10～15 年)三个阶段的发展目标和行动计划做出部署、安排和规划,使规划方案既能指导近期旅游建设和满足旅游发展需要,又可保持远近结合,实现旅游持续发展。

四、旅游区规划

(一)旅游区总体规划

城镇旅游区总体规划是旅游区详细规划的基础,是从整体的角度对旅游区的旅游资源进行优化配置,从发展旅游业的长远角度考虑的旅游产业规划设计。旅游区总体规划不仅重视自然景观的设计以及区域范围内路线与设施设计,还从市场的角度规划旅游景观和设施,设计旅游活动项目,强调资源和环境保护对旅游可持续发展的重要性,突出可操作性,尽量做到经济、社会和环境效益的综合兼顾。

1. 任务与要求

城镇旅游区总体规划的任务是以区域旅游发展战略规划为依据,分析旅游区客源市场,确定旅游区的主题形象,划定旅游区的用地范围及空间布局,安排旅游区基础设施建设内容,提出开发措施。

旅游区总体规划的基本要求和特点主要有以下方面:

(1)产业链条的完整设计。既然从旅游产业角度出发,对其产业链条就应该有一个具体的完整的规划设计,从资源调查、市场预测、项目设计、设施建设等方面形成完善的产业体系。

(2)投入产出的效益分析。旅游产业的突出特点就是注重经济效益,因此投入产出的效益分析必不可少,在以保护为前提的基础上获取最大经济效益。

(3)规划措施的切实可行。无论是从空间、时间角度的规划,还是旅游区定位、规划实施步骤,都要突出切实可行的较强的操作性。

(4)经营运作的动态规划。具体的经营运作要考虑各种动态因素,如旅游景区中交通车辆的配备、各功能区之间的协调与联系等。

2. 主要内容

为了完成旅游区总体规划的任务,根据《旅游规划通则》,旅游区总体规划的主要内容包括:

(1)对旅游区客源市场的需求总量、地域结构、消费结构等进行全面分析与预测;

(2)确定旅游区的范围,进行现状调查和分析,对旅游资源进行科学评价;

(3)确定旅游区的性质和主题形象;

(4)确定规划旅游区的功能分区和土地利用,提出规划期内的旅游容量;

(5)进行旅游区各专项规划;

(6)研究并确定旅游区资源的保护范围和保护措施;

(7)提出旅游区近期建设规划,进行重点项目策划;

(8)对旅游区开发建设进行总体投资分析。

3. 成果要求

(1)规划文本;

(2)图件,包括旅游区区位图、综合现状图、旅游市场分析图、旅游资源评价图、总体规划图、道路交通规划图、功能分区图及其他专业规划图、近期建设规划图等;

(3)附件,包括规划说明和其他基础资料等;

(4)图纸比例,可根据功能需要与可能确定。

(二)旅游区控制性详细规划

根据《旅游规划通则》,在旅游区总体规划的指导下,为了近期建设的需要,可编制旅游区控制性详细规划。

1. 主要内容

(1)详细划定所规划范围内各类不同性质用地的界线,规定各类用地内适建、不适建或者有条件地允许建设的建筑类型;

（2）划分地块,规定建筑高度、建筑密度、容积率、绿地率等控制指标,并根据各类用地的性质增加其他必要的控制指标;

（3）规定交通出入口方位、停车泊位、建筑后退红线、建筑间距等要求;

（4）提出对各地块的建筑体量、尺度、色彩、风格等要求;

（5）确定各级道路红线的位置、控制点坐标和标高。

2. 成果要求

（1）规划文本。主要包括以下四方面内容。

第一,总则。制订规划的依据和原则,主管部门和管理权限。

第二,地块划分以及各地块的使用性质、规划控制原则、规划设计要点和建筑规划管理通则。如各种使用性质用地的适建要求;建筑间距的规定;建筑物后退道路红线距离的规定;相邻地段的建筑规定;容积率奖励和补偿规定;市政公用设施、交通设施的配置和管理要求;有关名词解释;其他有关通用的规定。

第三,各功能区旅游资源、旅游项目和旅游市场的确定。

第四,各地块控制指标。控制指标分为规定性和指导性两类,前者是必须遵照执行的,后者是参照执行的。规定性指标一般有以下各项:用地性质;建筑密度（建筑基底总面积/地块面积）;建筑控制高度;容积率（建筑总面积/地块面积）;绿地率（绿地总面积/地块面积）;交通出入口方位;停车泊位及其他需要配置的公共设施。指导性指标一般有以下各项:人口容量（公顷）;建筑形式、体量、风格要求;建筑色彩要求;其他环境要求。

（2）图纸。包括旅游区综合现状图、各地块的控制性详细规划图、各项工程管线规划图等。

（3）附件包括规划说明及基础资料。

（三）旅游区修建性详细规划

根据《旅游规划通则》，旅游区修建性详细规划的任务是在总体规划或控制性详细规划的基础上，进一步深化和细化，用以指导各项建筑和工程设施的设计和施工。

1．规划设计说明书

规划说明书包括现状条件分析；规划原则和总体构思；用地布局；空间组织和景观特色要求；道路和绿地系统规划；各项专业工程规划及管网综合规划；竖向规划；主要技术经济指标（一般应包括总用地面积、总建筑面积、容积率、建筑密度、绿地率等）；工程量及投资估算。

2．图纸

包括综合现状图、修建性详细规划总图、道路及绿地系统规划设计图、工程管网综合规划设计图、竖向规划设计图、鸟瞰或透视等效果图等。

五、崇明岛生态岛

崇明岛是中国的第三大岛，是世界上最大的河口冲击岛屿。长期以来，崇明一直作为上海城市发展的战略储备地。在经历了"跨越苏州河发展""跨越黄浦江发展"之后，上海的城市发展又迎来了"跨越长江发展"的第三次大发展。这为外通大洋、内联长江、堪为龙口之珠和上海"北大门"的崇明岛振兴和发展提供了新的机遇。上海市委、市政府根据崇明岛资源优势和区位优势，以环境优先、生态优先为基本原则，按照建设世界级生态岛的标准，走发展循环经济和开展生态建设的可持续发展之路，把崇明建设成为现代化生态岛。

生态岛的建设旨在建立与岛屿资源相适应的生态经济体系、

资源利用模式、生产生活方式和价值观,实现经济繁荣、生态环境良好、社会文明和谐。

(一)建设目标

以科学发展观为统领,按照构建社会主义和谐社会的要求,围绕建设现代化生态岛区的总目标,大力实施科教兴县主战略,坚持三岛功能、产业、人口、基础设施联动,分别建设综合生态岛、海洋装备岛和生态休闲岛,依托科技创新,推行循环经济,发展生态产业,努力把崇明建设成为环境和谐优美、资源集约利用、经济社会协调发展的现代化生态岛区。

(二)功能定位

崇明三岛功能定位主要体现以下 6 个方面。

(1)森林花园岛形成以长江口湿地保护区、国际候鸟保护区、平原森林、河口水系为主体的生态涵养功能。

(2)生态人居岛形成布局合理、环境幽雅、交通便捷、文化先进的生态居住功能。

(3)休闲度假岛形成以休闲度假、运动娱乐、疗养、培训、会展为主体的生态旅游功能。

(4)绿色食品岛形成以有机农产品、特色种养业和绿色食品加工业为主体的生态农业功能。

(5)海洋装备岛形成以现代船舶制造和港机制造为主体的海洋经济功能。

(6)科技研创岛形成以总部办公、科技研发、国际教育、咨询论坛为主体的知识经济功能。

(三)特色分析

崇明生态岛与一般其他的生态城有所区别,它是建在一个小岛屿上,因此在构建指标体系时应当首先考虑到其岛屿的特征。

从生态学的角度看岛屿生态系统,其最大的特征就是四面环水,其系统结构相对独立、系统关系相对封闭。岛屿生态系统的发展受到其自身地理位置的孤立性、资源的有限性和生态环境的脆弱性的限制。概括而言,小岛屿的生态系统具有以下几点特征。

(1)孤立性。地理上隔离,与外界交流不便,成本高,发展机会有限。

(2)有限性。幅员小,人口少,资源有限,难以实现规模化发展。

(3)依赖性。独立自主的发展能力不足,资源、信息要依托大陆腹地的支持。

(4)脆弱性。生态环境承载力有限,对人类活动、自然灾害和环境变化敏感。

(5)独特性。岛屿通常孕育和保有独特的生物多样性资源及地方文化传统。

崇明生态岛建设的优势和瓶颈,都来源于其独有的岛屿特征。独立的生态系统使得崇明虽然毗邻城市化程度很高的大上海及周边城市群,但仍然能保持相对理想的生态系统完好度和优良的环境质量,堪称区域发展的一块净土。崇明岛优越的自然资源条件、良好的生态环境质量等优势日益突显,是其发展具有特色的社会经济体系的重要依托和坚实基础。但是,在三岛大交通体系——长江隧桥贯通之前,崇明岛以农耕为主的生态系统与外部自然和人工系统的生态流关系基本上完全依赖水路交通维持,交通条件的限制使得经济社会的发展缺乏推动力。其生态系统不够完整和开放的特点,也表现为社会、经济、环境各方面非常显著的孤立性和生态系统的脆弱性。具体的问题包括:海水倒灌日趋严重、灾害性天气较频繁、环境管理和污染治理相对薄弱、能源供需结构和利用效率不理想、经济和社会发展水平较低、基础设施水平较落后等方面。

（四）内涵

生态岛作为全新的概念,学术界至今还没有标准的定义。根据可持续发展的理念和岛屿生态系统自身的特点,本项目认为生态岛理念是一种综合环境观的阐释,从空间角度论,它是岛屿城市环境观与区域环境观的有机结合;从时间角度论,它是岛屿城市历史环境观与现实环境观的有机结合;从功能角度论,它是岛屿城市经济环境观、社会环境观与生态环境观的有机结合,如图 5-15 所示。

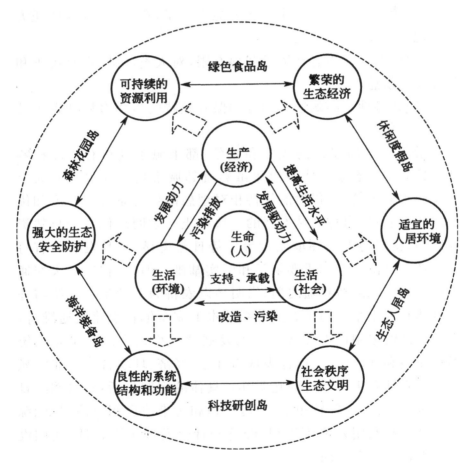

图 5-15　崇明生态岛的内涵概念

概括而言,生态岛的内涵包含以下几个方面。

(1)强大的生态安全防护体系。岛屿作为一个孤立的系统,相对脆弱和敏感,强大的生态安全防护体系是生态岛建设的核心。主要包括对台风等自然灾害、海岸带侵蚀、海水倒灌等外部干扰的较强防护能力,以及水体自净、生物多样性保护等实现岛屿生态系统良性循环的自我调节能力。

(2)良性的生态系统结构和功能。结构的合理既包括区域复合生态系统的物种、景观、建筑、文化及生态系统的多样性和特异性,也包括宏观上生态岛地理、水文、自然及人文生态系统的时空连续性和完整性。功能的完善包括自然生态功能,以及人与自然之间的交互和融合(土地开发、资源利用、城市建设、环境管理、生态保护等)。

(3)可持续的资源利用方式。岛屿的封闭性、脆弱性、自给性与独立性要求岛屿生态系统以强化环境承载力为前提,实现资源的高效、持续利用,尤其是土地资源、能源、矿产资源和水资源等。同时建立对外围大陆腹地良性的依托关系。

(4)繁荣而有活力的生态经济。打破经济发展和环境保护之间相互牵制的不良循环。经济结构合理,功能高效和完整,且保持持续、快速强化的发展;资源消耗少、环境污染小、经济效益好的生态产业主宰经济发展;发展清洁能源、有机农业等生态技术,建立高效率的流转系统,保证系统循环的连续性。

(5)舒适宜人的人居环境。环境宜人、生活舒适、满足人的共性和个性需求,人类聚集所依赖的自然、经济、社会和文化等因素实现协调、均衡和可持续的发展。同时强调生态系统维持对人类的服务功能,以及确保人类自身健康及社会经济健康不受损害的作用。建设清洁、美好、安静的自然环境,便捷、舒适、周到的生活服务,和谐、公正、平等的社会氛围,从整体上提高居民的生活质量和生命福利。

(6)和谐有秩序的社会关系。岛屿周围海域具有开放性、流动性,且岛屿边缘效应明显。在海岛开发建设中,一方面要维护海岛自身的社会秩序,另一方面应协调好海岛与周边地区的社会秩序,加强对外部的信息及系统反馈的敏感性,培育具有较强的应付环境变化的能力。

（7）先进而普及的生态文明。在发展生态产业、生态社区的同时,造就一批具备较高文化素质和环境意识、生活方式合理的居民。要引导一种适合中国国情的高效率、低损耗、适度消费、融传统与现代为一体的生活方式,倡导一种物质与精神相匹配、人与自然相融合的生态文明。弘扬正确的价值导向,较高的文化素质,良好的竞争、共生意识和道德修养。

（五）指标体系类型

崇明岛指标体系共包含四套指标体系,分别为面向过程的指标体系、面向状态的指标体系、面向要素的指标体系以及崇明生态岛综合指标体系。

根据对国际国内指标体系的调研,面向过程的指标体系采用由经济合作与发展组织（OECD）的"压力—状态—响应"模型构建面向过程的生态岛指标体系。

（六）指标体系框架

指标体系方案共分为 5 个主题（其中 3 个核心主题、2 个扩展主题）、936 个具体指标（其中压力指标 12 项,状态指标 12 项,核心和扩展主题分别含 9 项、3 项）、响应指标 12 项（核心和扩展主题分别含 10 项、2 项）。在指标体系的主题构建上,重点参考了同样基于 PSR 模型构建的美国 ESI 指标体系的结构,但规避其指标选取上的不平衡性和指标体系评价对象的针对性,如图 5-16 所示。

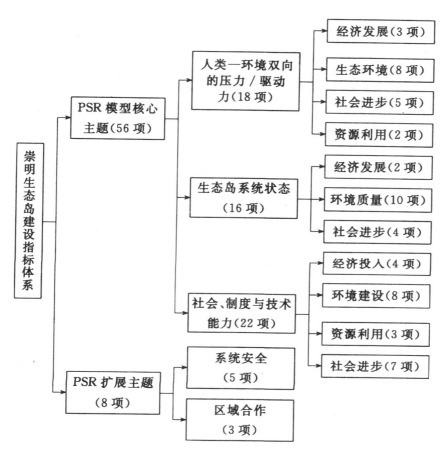

图 5-16　崇明岛建设指标体系框架

第六章　小城镇规划与可持续发展战略

　　小城镇的规划需要长远,这就要求可持续发展战略的贯彻实施,在城市发展的初期就要把小城镇的发展方向摆正。可持续发展的新型生态城镇是具有历史意义的,要达到这一目标,需要多方的平衡,来构建可持续的新型生态城镇。本章从小城镇的环境问题、可持续发展战略、清洁能源使用以及建筑节能设计这几方面来论述。

第一节　小城镇规划建设中的环境问题

一、城镇化中的大气污染

　　每个城镇都以它直接接触的环境来获得新鲜的空气,如果城镇地形或建筑物体的构造影响了这种获取新鲜空气的途径,那么城镇居民将会生活在污浊空气的环境中。随着城镇空气污染的程度增加,逐步扩散至城镇的每一个角落。科学合理的城镇规划设计、选择适宜建造房屋的位置等,能够使空气污染降至最低点。

　　多年来,人们积极地改变周围的环境,以便于他们生活在更加舒适的状态中,然而,这种改变给城镇大气和气候带来了一定程度的影响,随着城区、镇区的发展,这种影响越来越明显。主要体现在下面三个方面：

（1）集中的人群影响。城镇区域人口稠密，产生很大的热量。

（2）人类行为影响。人们在生产各种产品，享受现代化给他们带来方便的同时，产生了大量的大气污染。

（3）建筑区稠密影响。建筑物高大密集，各项活动空间竞争激烈，形成拥挤也产生污染。

以上方面都间接地影响着气候，也破坏着我们生存的环境，生活生产越来越现代化，而我们生活在越来越差的自然环境中。

就上述三个因素来说，乡村空气优于城镇空气的主要因素包括：

（1）地面材料。用来铺路和美化城镇的道路材料会在短时间比乡村储存更多的热量。

（2）地势。城镇地表的形状比乡村复杂得多。在乡村，通常农作物覆盖住土壤，而在城镇，太阳能全部被地表吸收。另外，城镇的建筑也改变了空气流通方式，在不能通风的区域设立通风口，这是不合理的。

（3）热源。空间、工业、交通增加大量热量，改变了城镇能量平衡。

（4）湿源。在农村，降雨量被保持进而蒸发，空气冷却；而在城镇中，雨水很快流到阴沟中，不能清洁环境。

（5）大气质量。城镇大气中污染物减少了辐射，污染物颗粒多，浓缩度大，主要是工业生产和汽车排放的有毒气体，不但破坏空气质量，也威胁着人类的生命健康。

城镇化引起的最重要的变化在于热平衡和空气流动，这对于大气污染的影响程度是十分重要的，如表 6-1 所示。

表 6-1　热平衡和空气流动对大气污染的影响程度

元素	参数	城镇：乡村
污染物	10	10 倍多 10 倍多 5～25 倍多
辐射	紫外线 日照持续时间	−3%（冬） −3%～15%
气温	年度 冬季最大量 冰冻季节时间	0.7℃ 0.5℃ 2～3 个月
风速	年度 疾风 无风率	−20%～30% −10%～20% 5%～20%
湿度	相对年度量 季节量	−6% −2%（冬） 8%（夏）
云	多云量及频率	5%～10%

（1）辐射度。在城镇中到达地面的太阳辐射被城镇里的灰尘和污染物吸收而减少,在大的城镇化区域,这些污染物形成城镇上空的灰尘穹幕,这道穹幕减少了射线。

（2）气温。城镇与乡村气候存在明显差异,在晴空万里的一天日落后一小时,这种差异比较显著。城镇比乡村保持热量要久一些,可用"城市热岛"来形容城镇储存热量的现象。在特定条件下,温差多达 10℃之多,每年的城乡间温度差随着城镇人口的增加而增加。

（3）雾。随着城镇工业化增加,尤其是热能需要,伴随而来的雾和灰尘产生更多的颗粒,使城镇比乡村产生更多的雾。从前煤炉在伦敦被禁用,就是防止它带来雾而造成麻烦。现在,等同于煤炉的热岛效应和污染现象使得多雾天气多发。

（4）湿度。在前面已经提及,城镇的相对湿度和绝对湿度都低于乡村。

（5）云。由于空气污染产生的雾引起了城镇中云的增加。

（6）风。城镇中用现代化机械促使空气流得以改变，对空气流通增加了一定程度的阻碍；而在乡村处于自然状态情形中。

二、城镇化中的空气污染

在今后 20 年中，人类所面临的最大挑战将会是如何保护臭氧层和处理"温室效应"问题。人们逐渐认识到全球温度变暖与辐射相关。减少能源的使用和利用生产体系来避免有害影响这两种方式来解决这些空气污染问题。不过，在空间因素的条件限制下，人们必须考虑空气温度、湿度、空气污染、地区等因素的影响。

城镇化环境中空气没有污染是不可能的。但是，城镇规划和环境影响，必须充分考虑和分析当地地势和空气对流的效用，使污染程度达到最小化。

三、城镇化中土地污染问题

如一个生态系统一旦被确定为农业生态系统，那这个生态系统就必须被用多种方式来调节，土壤改良、种植、施肥、杀虫和除草，这些循环将影响着其他的方面和其他的生态系统。例如，田野里土壤的减少和地表水的营养增加而产生的对其他方面和其他生态系统的影响。

增加农业生态系统专业化和单一覆盖面积或者单方向用途所带来的不仅仅是外界需求的增加，而且用自然科学的控制来代替生物科学的控制，增加了外界在这个系统进出口的影响。

总的来说，有两种可取的方法来解决这一问题，选择的方法取决于取得资料的质量。一个原始的资料通常只允许进行一个风险分析，得到的资料越好，越有利问题分析与解决。

计划措施的完成,在不同程度上可以用包括资金在内的方法来解决地块合理性分析。

地块合理性分析:

(1)现有的可使用的土地(一种由社会和技术发展决定的样式)

(2)可使用土地的发展能力(即当前土地的合理性)表明自然条件决定的具有不同用途的土地的质量,它不包括也许会得到更好用途的潜在土地改善的影响(如:排水、灌水、新开耕的庄稼地)

(3)潜在土地的合理性,包括潜在土地的改善。

(4)地块的质量至少包括可达到的场地,可到达的公路的位置等。

(5)覆盖了一个国家的全部地区或计划区域内的土地合理性。

仅分析主要用地类型,如森林、农业或野生动物保护区、休闲区选项上的可延展的用地。农业和森林用地分类的自然因素是:气候、地势、坡度、潮湿度、腐蚀的能力。

分析面积像垃圾场一样大的地区或像公路一样的线形结构地区的城市用地合理性分析是没有意义的。因为其用途依靠的是现有的技术性基础设施(如运输、道路、居住区)和社会方面的影响。

以土壤分类和土壤联系为基础的土地能力分类实例显示在比例为 1:250000 的英格兰和威尔士的土壤地图上。

其表中的符号标记如下:

22—生石灰土

311—腐殖质系列

313—棕土系列

341—腐殖质分解物

342—石灰土分解物

343—棕土分解物

潜在土地的适应性包括其经长久改良后的适应性,也应包括新的农作物及其管理方法。

对现有土地性能和潜在土地适应性的评估,在两种不同的地图中分两步详细的诠释,其改良的措施也许会引起严重的环境影响。

由土壤性能研究得到的土地质量,包括经济的和社会的因素。如乡村基础设施的质量,到农场的距离等。土地质量分析不应包括因在不合宜的土壤上种植,短期高产的补充作物而引起的使用不当。

四、城镇化中地下水污染问题

地下水被污染的敏感性主要取决于下面四个因素:

(1)土壤的过滤能力和缓冲能力。这方面因素只作用于呈扩散分布状态的污染,如酸雨、粉尘等,这类污染通过地下管道缝隙处直接进入含水层,而在地表下层区域,这类污染是不可能通过的,即使有一小部分污染通过,这样的情形也需要很多年以后才会发生。

(2)水位和地表的距离。多山地区这一距离是很难确定的。这种情况下,可以取已经发生污染的一些地区水位和地表距离的平均值。

(3)土壤和水位之间沉淀物与土层之间的贯通性。

(4)含水层的大小和贯通性,地下水移动的速率。

例如,在德国南部有冰河的地区只需从中引出少量的水,便可有足够各家生产使用的水。由于土壤的多孔性,地下水很容易被粗状物或其他物质污染。河谷和冲积平原也是很容易贯通的地表,它们持有大量的水,被地下水污染的危险性更大。任何一种普遍性归纳都是不安全的,所以,每种情况都需要分别进行评估。

综上所述,地下水资源是非常宝贵的,在规划进程中必须作为一个重要考虑点。主要考虑因素包括:

(1)地理位置:地下水是否接近地表?

(2)敏感性:地下水循环速度有多大,它有多大价值?

（3）受污染性：含水层以上各层的过滤能力怎么样？

在规划过程中，水文图是必不可少的。它们表述了地理位置，含水层类型，地下水的深度，泉水的位置及一个区域的地质大致组成情况，如果没有得到这一类信息，就应该向专家咨询，而且，通过地图，也能对基本条件有一个大致的了解。

利用这些信息，决策者可以找到有少量地下水冲击的位置，用来建造房屋。

地表水系统相关评估与地表水系统相关的因素差异很大。因此，要给规划作一个概述很难。首先，地表水的定义（包括许多自然特征），例如湖水、溪流、江河、河口等，所有这些必须用不同的方法给他们加以分类，例如，地表水系统通过以下特点加以分类：

（1）流速（立方米/秒）；

（2）排水管网的密度；

（3）流量周期运输物质（砂砾、粉砂、有机物质等）；

（4）贮水池动态排水系统迂回流水的特点（动态因素，加强保护）；

（5）洪水冲刷后平原的地貌；

（6）自然水的特征（pH 值、碳酸盐/有机含量等）；

（7）水域生态系统；

（8）海底线与水的相互作用。

另外，湖边系统要根据一系列不同的特征加以分类：

（1）物理性质（面积、深度、容积）；

（2）水交换比率；

（3）水域形态；

（4）水温分层。

然而，今天有很多实例是地表水系统的综合物理、化学、生物特性由于人类的影响而很大变化。不管这种影响是有意的（如水得工程），还是无意的（如水体的富营养化过程），最终都必须对水体进行分类评估。这类评估包括：

（1）水体的富营养化过程或其他形式的污染引起水质的任何变化（化学工业）；

（2）在流体力学方面的任何变化；

（3）对河边生态系统的影响；

（4）大坝建设的效果和影响。

另外，人类利用地下水的方式发生了重大变化。许多方面都需要评估。相关利用的方面包括：

（1）淡水的供应；

（2）废水的排放；

（3）灌溉；

（4）休闲；

（5）运输系统。

从最后一组分类中，可以看出，在各种使用组的规划目标之间存在相当大的冲突。因此，在第一阶段规划中，对地表水系统进行全面评估是至关重要的。

第二节　生态文明建设中的可持续发展战略

一、可持续发展概述

（一）生态文明建设

党的十八大提出，要把生态文明建设放在突出地位，融入经济建设、政治建设、文化建设、社会建设的各方面和全过程，努力建设美丽中国，实现中华民族的永续发展。生态文明源于对历史的反思，同时也是对发展的提升。随着经济社会的不断发展，对生态文明的关注和认识也不断进入新的阶段。

1. 生态城镇

生态城镇概念源于联合国教科文组织发起的"人与生物圈(M&B)计划"。

生态城镇可以理解为在生态系统承载能力范围内运用生态经济学原理和系统工程方法去改变生产和消费方式、决策和管理方法,挖掘市域内外一切可以利用的资源潜力,建设经济发达、生态高效的产业,体制合理、社会和谐的文化,以及生态健康、景观适宜的环境,实现经济、社会和环境的协调统一与持续发展的城镇。

2. 生态城镇学概念

生态城镇学是研究生态城镇的一门应运而生的综合性学科,研究方法的高度综合性是其主要特征。生态城镇学是涉及城镇规划、城镇土地利用、生态学、社会学、经济学、建筑学、园林学、地理学、环境学、系统科学、哲学、美学、心理学、伦理学、医学、法律学等诸多学科渗透与融合的综合性学科。

3. 生态小城镇建设

20世纪90年代以来,我国许多城镇城镇化和城镇化建设趋于快速增长和高速发展时期,建设中的大规模和高频度的土地利用和开发,不但造成一些城镇点源污染严重而且非点源污染也不断加剧。一些城镇的生态危机,已不是危言耸听,面临生态恶化趋势,城镇规划建设中的生态规划建设更不容忽视。

解决好城镇建设中的"人口—资源—环境"的协调问题,直接与科学发展观、城乡统筹、可持续发展及和谐社会构建密切相关,生态问题研究是我国城镇化和城镇建设中的备受关注的热点问题。

生态小城镇建设是减少城镇化中的负面影响,走可持续发展道路的必然选择。

(二)可持续发展指标体系的作用与功能

新型生态城镇和生态城市一样,也是由自然、经济和社会三个子系统复合而成的复杂巨系统,建设和管理工作千头万绪,纷繁复杂,涉及方方面面,在决策和建设过程中,稍有不慎就可能造成城镇的畸形和失衡的发展。人们要知道一个城镇是否在可持续新型生态城镇内在要求的轨道上发展以及发展的总体水平与协调程度,就必须对这个城镇进行测度与评价。因此,按照生态城镇内涵要求建立起来的科学与合理的生态城镇评价指标体系,在新型生态城镇的建设与管理过程中将发挥重要的作用。

(三)指标体系划分的原则

1. 科学性原则

指标体系要能较客观地反映系统发展的内涵、各个子系统和指标间的相互联系,并能较好地度量区域可持续发展目标实现的程度。指标体系覆盖面要广,能综合地反映影响区域可持续发展的各种因素,以及决策、管理水平等。

2. 层次性原则

由于区域可持续发展是一个复杂的系统,它可分为若干子系统,加之指标体系主要是为各级政府的决策提供信息,并且解决可持续发展问题必须由政府在各个层次上进行调控和管理。

3. 相关性原则

可持续发展实质上要求在任何一个时期,经济的发展水平或自然资源的消耗水平、环境质量和环境承载状况以及人类的社会组织形式之间处于协调状态。因此,从可持续发展的角度看,不管是表征哪一方面水平和状态的指标,相互间都有着密切的关联。

4. 简明性原则

指标体系中的指标内容应简单明了,具有较强的可比性并容易获取。指标不同于统计数据和监测数据,必须经过加工和处理使之能够清晰、明了地反映问题。

5．因地制宜原则

应从当地实际情况出发,科学合理地评价各项建设事业的发展成就。

5．可操作性原则

指标的设置尽可能利用现有统计指标。指标具有可测性,易于量化,即在实际调查中,指标数据易于通过统计资料整理、抽样调查、典型调查和直接从有关部门获得。在科学分析的基础上,应力求简洁,尽量选择有代表性的综合指标和主要指标,并辅之以一些辅助性指标。

(四)国内可持续发展指标体系的发展

国内对生态城市建设相关的指标体系的探讨主要从城市生态系统理论的角度出发,尝试通过指标体系描述和揭示城市生态化发展水平。

近年来,我国的生态城市建设大多以国家环保总局于2003年发布的《生态县、生态市、生态省建设指标(试行)》,根据自身的实际情况,对指标体系进行调整,制订符合自身情况的生态城市建设指标体系。

生态城市作为城市生态化建设的终极目标,从长远意义来看,其建设范围不应只包含城市建成区,而应强调城与乡的空间融合以及大区域内城市之间的联合与合作。但是,对于我国的现状,区域上的城市往往包括相对较小的建成区和广大的农村地区,在人民的生产生活方式、政府的政策制定和措施实施上都有很大的区别。而现有的指标体系研究,由于考虑到在城市发展的过程中,周边的农村为城市提供了大量的原材料、能源和人力资本,以及容纳污染和废弃物的场所,进而造成农村地区资源的耗竭和生态环境的破坏,往往以城乡大区域为研究和评价对象,所建立的评价体系和由此得出的评价结果不能很好地揭示出城市与农村地区的相互关系和相互影响,依据评价结果提出的发展模式、建议对于城市建成区和广大农村地区也是界限模糊,针对性不强,在政策的制定和措施的选择及实施过程中,更不能起到很好的参考和指导作用。

二、可持续发展城镇案例

(一)中新天津生态城背景简介

中新天津生态城是中国与新加坡两国政府继苏州工业园区之后确定的又一个重大合作项目,根据发展定位要求,中新天津生态城将致力于建设成为综合性的生态环保、节能减排、绿色建筑、循环经济等技术创新和应用推广的平台,成为国家级生态环保培训推广中心,成为现代高科技生态型产业基地,成为参与国际生态环境建设的交流展示窗口,成为"资源节约型、环境友好型"的宜居示范新城。

中新天津生态城位于天津滨海新区,距天津中心城区 45km,距北京 150km,东临滨海新区中央大道,西至蓟运河,南接彩虹大桥,北至津汉快速路。规划面积 30km²,人口规模 35 万,10 年内基本建成。起步区 4km²,3～5 年建成。

中新天津生态城建设的核心目标,就是在资源约束下寻求城市的繁荣和发展,具体来说,这一核心目标体现在以下三个方面。

一是健全发展功能。中新天津生态城是一座融生产、生活、服务为一体的复合功能的城市。按规划,中新天津生态城未来将能容纳大约 35 万人同时生活就业,实现就业与居住的平衡。同时,大力发展低碳经济和生态经济,构筑高层次的产业结构,与周边地区优势互补,实现共同协调发展。

二是集约紧凑发展。从保护生态环境、促进混合用地和紧凑布局以及推行绿色交通模式三点出发考虑,中新天津生态城规划特别强调集约紧凑式发展。

三是提高资源利用效益。主要是提高淡水资源的利用效率以及能源利用效益。

为实现这三大目标,中新天津生态城联合工作委员会经过组织多方参与的讨论研究,结合选址区域的实际情况,按照科学性与操作性、前瞻性与可达性、定性与定量、共性与特性相结合的基本原则,制订了中新天津生态城规划建设的指标体系。

(二)中新天津生态城指标体系

1. 特色分析

为体现中新天津生态城作为资源节约和环境友好城市的示范,指标体系不但在结构上有所突破,还引入许多创新性的特色指标。

(1)四个"绿色"指标 为了突出生态城市特色,指标体系中创新性地在指标中采用了四个与"绿色"有关的概念,即绿色建筑、绿色出行、绿地建设和绿色消费。

绿色建筑指标是要求区内所有建筑物均应达到绿色建筑相关评价标准的要求,设计施工上满足节能环保需要,并在最大程度上保障人们的健康舒适。这一指标的制订直接指导了此后的规划建设各项工作开展,旨在避免我国城市快速发展进程中建筑物片面追求奢华,只重数量不重质量的现象,并且可以吸取新加坡在绿色建筑领域的先进经验,促进我国建筑设计与施工总体水平的提高。

绿地建设在指标体系、人工环境协调层面中的两项中有所体现。公共绿地指向公众开放,有一定游憩设施的绿化用地。中新天津生态城在绿地建设中不是单纯地提高绿化覆盖率,而是强调了绿地的休闲功能,保障居民有足够的可以亲近的有效绿地。此外,由于中新天津生态城选址地区水资源缺乏且存在土地盐渍化情况,因此人均公共绿地指标设置适中,且结合本地植物指数指标一项,对绿化以乡土耐旱植物为主提出要求,体现了绿地建设以科学性、实用性、美观性并重,不刻意要求绿地越多越好的理念,为生态城建设经验在我国北方缺水地区推广提供了可借鉴的示范。

（2）"十个字"概念指标体系的编制和成果中，贯穿始终的是体现生态城市核心的十个字，即和谐、高效、健康、安全、文明。

和谐，即指标体系要体现"三和、三能"原则：即人与自然和谐、人与经济和谐、人与人和谐，能复制、能实行、能推广的原则。这是中新天津生态城建设的初衷，也是衡量生态城市发展成果与否的关键。

高效，即指标体系要有利于城市社会经济蓬勃高效发展。生态城市绝不是以发展缓慢为代价换取环境的保护，而是社会、经济、环境互惠共生，高水平地共同发展。

健康，不仅包括人体健康，还包括生态环境、生活模式等各方面的健康。建设生态城市的重要目标之一就是克服城市发展传统模式下的诸多弊病，引导人们以更加健康的方式追求幸福生活。

安全，即指标体系要从城市安全、生产安全、生态安全等多方面约束生态城市发展建设。特别是无障碍设施率指标，要求区内所有公共设施设计必须考虑到残障人士行动的安全便捷，是城市建设指标的一项突破。

文明，即生态城市是有自身特色，形成生态文明的城市。中新天津生态城选址地区具有河口渔村、炮台遗址等许多颇具地方特色的历史文化景观，在指标体系中对这些景观提出予以保留。

2. 内涵

中新天津生态城的内涵是人与自然环境、人与经济发展、人与社会有机融合、互惠共生的开放式复合生态系统，中新天津生态城的目标是致力于建设和谐、高效、健康、安全、文明的，具有示范性的滨海宜居新城。

3. 指标体系类型

本着科学性与操作性相结合、定性与定量相结合、特色与共性相结合以及可达性与前瞻性相结合的原则，分别给出控制性指标与引导性指标,并按照"指标层＋二级指标＋指标值"的框架模式进行构建。

4．指标体系框架

根据中新天津生态城的框架和内涵,控制性指标主要包括生态环境健康、社会和谐进步和经济蓬勃高效这三个方面,引导性指标主要指区域协调融合。

5．指标体系建立

中新天津生态城考核指标见表 6-2。

表 6-2　中新天津生态城考核定量指标

指标层		序号	二级指标	单位	指标值	时限
生态环境健康	自然环境良好	1	区内城市空气质量	天数	大于等于二级标准的天数(155d/a)	即日开始
				天数	SO_2 和 NO_2 大于等于一级标准的天数（≥155d/a）	即日开始
		2	区内水体环境质量		达到《地表水环境质量标准》（GB3838）最新标准Ⅳ类水体水质要求	2020 年后
		3	自来水达标率	％	100	即日开始
		4	功能区噪声达标率	％	100	即日开始
		5	单位 GDP 碳排放强度	tc/百万美元	150	即日开始
		6	自然湿地净损失	％	0	即日开始
	人工环境协调	7	绿色建筑比例	％	100	即日开始
		8	本地植物指数		≥0.7	即日开始
		9	人均公共绿地	m²/人	≥12	2013 年前

指标层	序号	二级指标	单位	指标值	时限
社会和谐进步	生活模式健康	10	日人均生活水耗	L/（人·d）	≤120	2013 年前
		11	日人均垃圾产生量	kg/（人·d）	≤0.8	2013 年前
		12	绿色出行所占比例	%	≥30	2013 年前
					≥90	2020 年前
	基础设施完善	13	垃圾回收利用率	%	≥60	2013 年前
		14	步行 500 米范围有免费文体设施的居住区比例	%	100	2013 年前
		15	危废与生活垃圾（无害化）处理率	%	100	即日开始
		16	无障碍设施率	%	100	即日开始
		17	市政管网普及率	%	100	2013 年前
	管理机制健全	18	经济适用房、廉租房等占本区住宅总量的比例	%	≥20	2013 年前
经济蓬勃高效	经济发展持续	19	可再生能源使用率	%	≥15	2020 年前
		20	非传统水源利用率	%	≥50	2020 年前
	科技创新活跃	21	每万劳动力中 R&D 科学家和工程师全时当量	人·a	≥50	2020 年前
	就业综合平衡	22	就业住房平衡指数	%	≥50	2013 年前

第三节　小城镇清洁能源使用及建筑节能设计

一、小城镇清洁能源使用

　　清洁能源是绿色能源,是指不排放污染物、能够直接用于生产生活的能源,它包括核能和"可再生能源"。

　　在能源安全日趋严峻、生态环境恶化的形势下,因地制宜地开发利用新能源,是保障新型城镇能源供应、提高经济效益、实现可持续发展的有效途径,也是新型城镇建设的重要内容之一。

(一)太阳能的应用

　　太阳能(solarenergy)一般指太阳光的辐射能量。太阳每秒钟照射到地球上的能量就相当于燃烧 $5.0×106t$ 煤释放的热量。平均在大气外每平方米面积每分钟接受的能量大约为 1367W。

　　我国幅员辽阔,有着丰富的太阳能资源。据估算,我国陆地表面每年接受的太阳辐射能约为 $50×10^{23}kJ$,全国各地太阳能年辐射总量达 $3350～8370MJ/m^2$。按照太阳能辐射量的大小,全国大致可分为五类地区。如表 6-3 所列。

表 6-3　我国太阳能资源的划分

类别	年日照时数/h	年辐射总量/（MJ/m²）	主要地区
一类地区（丰富地区）	3200～3300	6700～8370	青藏高原、甘肃北部、宁夏北部和新疆南部等地
二类地区（较丰富地区）	3000～3200	5860～6700	河北西北部、山西北部、内蒙古南部、宁夏南部、甘肃中部、青海东部、西藏东南部和新疆南部等地

续表

类别	年日照时数/h	年辐射总量/（MJ/m²）	主要地区
三类地区（中等地区）	2200～3000	5020～5860	山东、河南、河北东南部、山西南部、新疆北部、吉林、辽宁、云南、陕西北部、甘肃东南部、广东南部、福建南部、江苏北部和安徽北部等地
四类地区（较差地区）	1400～2200	4190～5020	长江中下游、福建、浙江和广东的一部分地区
五类地区（最差地区）	1000～1400	3350～4190	四川、贵州

1. 太阳能热水器

太阳能热水器是利用太阳能将光能转化为热能提供热水的装置，通常由集热器、绝热贮水箱、连接管道、支架和控制系统组成。其中太阳能集热器是太阳能热水器接受太阳能量并转换为热能的核心部件和关键技术，集热器受阳光照射面温度高，集热管背阳面温度低，而管内水便产生温差反应，利用热水上浮冷水下沉的原理，使水产生微循环而达到所需热水。

目前，我国太阳能热水器已经成为太阳能成果应用中的一大产业。2007年，我国太阳能热水器总产量达到2300万平方米，保有量达到10800万平方米，均占世界总量的1/2以上，是世界上最大的太阳能热水器生产国和使用国。

在城镇建设中，居民住宅以多层（4～5层）、低层（2～3层）和小高层毗连式住宅为主，十分适合采用分体式太阳能热水器系统。

2. 太阳能照明

太阳能照明系统是以白天太阳光作为能源，利用太阳能电池给蓄电池充电，把太阳能转换成化学能储存在蓄电池中。

与传统照明系统相比,太阳能照明系统是一个自动控制的工作系统,具有节能、环保、安全、经济的优点。太阳能利用自然光源,无需消耗电能,是可再生能源;太阳能照明系统以太阳能替代化石能源,节约能源的同时,可有效减少 SO_2 等有害物质以及温室气体的排放,符合绿色环保的要求;由于太阳能照明系统不使用交流电,而且采用蓄电池吸收太阳能,通过低压直流电转化为光能,是最安全的电源;产品使用寿命长,虽然安装成本较高,但一次性投入、后期维护成本低,且仅每年节省的电能用于工业生产,其创造的价值也远超出太阳能路灯的投资。

在新型城镇建设中,太阳能照明系统,尤其是太阳能路灯可以作为街道、居住区内道路的照明系统。在天津滨海高新区华苑科技园内,某以非晶硅太阳能电池生产为主的企业,利用自身已有的技术和产品优势,将太阳能电池应用于本厂路灯和办公照明系统,示范性地在厂区安装了太阳能发电装置和太阳能路灯,用于夜间厂区照明以及办公用电,取得了一定的经济效益和社会示范效益。

3. 太阳能热泵

太阳能热泵是一种把太阳能作为低温热源的特殊热泵。在太阳能热泵中,太阳能技术和热泵技术相结合,弥补了两种系统各自的缺点,从而达到优势互补的效果。

在城镇建设中,太阳能热泵系统可以应用于城镇的医院、学校以及一些大型公共建筑中。

4. 太阳能光伏发电

通过太阳能电池将太阳辐射能转换为电能的发电系统统称为太阳能电池发电系统,目前太阳能光伏发电工程上广泛使用的光电转换器件晶体硅太阳能电池,生产工艺技术成熟,已进入大规模产业化生产。

太阳能光伏发电系统的运行方式,主要可分为离网运行和联网运行两大类。未与公共电网相连接的太阳能光伏发电系统称为独立太阳能光伏发电系统,主要应用于远离公共电网的无电地区和一些特殊场所。其中,与建筑结合的住宅联网光伏系统,由于具有建设容易、投资不大的优点,在各发达国家备受青睐,发展迅速,成为主流。

(二)生物质能

生物质能是太阳能以化学能形式贮存在生物质中的能量形式,即以生物质为载体的能量。它直接或间接地来源于绿色植物的光合作用,可转化为常规的固态、液态和气态燃料,取之不尽、用之不竭。

生物质能的利用主要有直接燃烧、热化学转换和生物化学转换 3 种途径。直接燃烧是最传统的利用方式,但利用效率低,对环境影响大。在新型城镇建设中,生物质能的利用方式应重点推广沼气和生物燃油。

1. 沼气

沼气,是各种有机物质,在隔绝空气(还原条件),以及适宜的温度、湿度下,经过微生物的发酵作用产生的一种可燃烧气体,其主要成分是甲烷和二氧化碳。沼气的发热值相当高,一般为 $20934 \sim 25121 kJ/m^3$,燃烧最高温度可达 $1400℃$,高于城市液化气的热值,是一种优质燃料。同时沼气是一种可再生无污染的能源,只要有太阳和生物的存在,就能不断地周而复始地制取沼气,其燃烧的主要产物为水和二氧化碳,而二氧化碳又可进入生态系统的碳循环过程,不会释放更多的二氧化碳。同时,沼气余渣的肥效是普通农家肥的 3 倍多,可有效地促进作物增产,提高农产品质量,同时减少化学肥料的施用量,改善土壤因长期使用化肥出现的板结情况,有效控制农村面源污染;沼液可以用来施肥、养殖鱼虾、浸种,创造经济效益。

经过 20 多年的摸索,我国的沼气技术已经发展成熟,已有相关国家或行业标准。沼气利用方式可根据应用条件分为庭院式和集中式两大类。在以庭院式住宅形式为主的城镇建设中,可利用庭院式沼气形式;在以多层甚至高层住宅形式为主的城镇中,可利用采用集中式沼气形式。

庭院式沼气池的形式有固定拱盖的水压式池、大揭盖水压式池、吊管式水压式池、曲流布料水压式池、顶返水水压式池、分离浮罩式池、半塑式池、全塑式池和罐式池等,但归总起来大体是由水压式沼气池、浮罩式沼气池、半塑式沼气池和罐式沼气池 4 种基本类型变化形成的。

圆筒形固定拱盖水压式沼气池(图 6-1)的池体上部气室完全封闭,随着沼气的不断产生,沼气压力相应提高。这个不断升高的气压,迫使沼气池内的一部分料液进到与池体相通的水压间内,使得水压间内的液面升高。

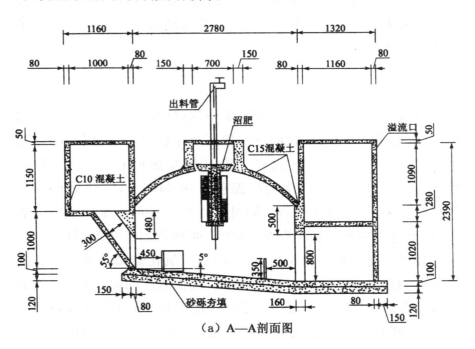

（a）A—A剖面图

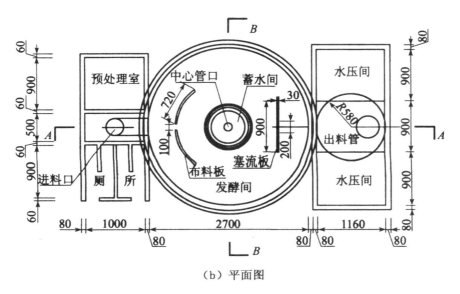

（b）平面图

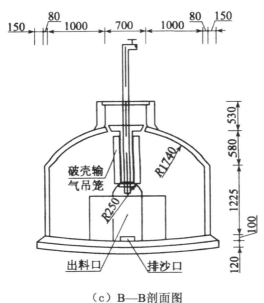

（c）B—B剖面图

图 6-1　8m³ 圆筒形水压式沼气池型（单位：mm）

2. 秸秆燃气

秸秆燃气，是利用生物质通过密闭缺氧，采用干馏热解法及热化学氧化法后产生的一种可燃气体,这种气体是一种混合燃气,含有一氧化碳、氢气、甲烷等,亦称生物质气。获得秸秆燃气的技术称为秸秆气化技术。秸秆气化炉,亦称生物质气化炉、制气炉、燃气发生装置等,是秸秆转化为秸秆燃气的装置。秸秆制气炉具有生物质原料造气、燃气净化、自动分离的功能。当燃料投入炉腔内燃烧产生大量一氧化碳和氧气时,燃气自动导入分离系统执行脱焦油、脱烟尘、脱水蒸气的净化程序,从而产生优质燃气,燃气通过管道输送到燃气灶、点燃(亦可电子打火)使用。

目前,秸秆气化集中供气技术是我国农村能源建设重点推广的一项生物质能利用技术,它是以农村丰富的秸秆为原料,经过热解和还原反应后生成可燃性气体,通过管网送到农家中,供炊事、采暖、燃用。

(三)地热能

地热能包括深层地热能和浅层地热能。

深层地热能来自地球深处的可再生性热能,源于地球的熔融岩浆和放射性物质的衰变。深层地热有多种类型,其中地热水是集"热、矿、水"三位一体的宝贵的自然资源。通常地热水温度较高,可直接用于建筑供暖,并可结合水源热泵机组实现地热水梯级(供暖)利用。和燃煤、石油等能源相比,地热不仅清洁,而且能反复利用,属于可再生资源。深层地热能的利用,包括建筑供暖、洗浴、医疗保健、农业生产、水产养殖、饮用矿泉水等。其中建筑供暖是最广泛的应用方式。

在城镇建设中,地热资源主要用于建筑供热,利用方式主要为地热井和地源热泵。

1. 地热井

地热井是深层地热能的主要利用方式。地热井采用地热水系统和采暖系统双套循环系统,梯级换热。地热井工艺流程如图 6-2 所示。地热井的热量采用梯级利用方式,一方面循环水与地热水梯级换热；另一方面换热的热水首先用于采暖供热，采暖系统回水再次用于洗浴用水，梯级利用以保证将热量最大限度转化。

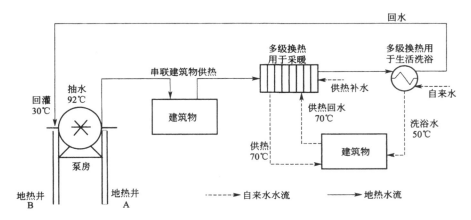

图 6-2　地热井工艺流程示意图

地热井供热系统热能高、性能好，但在应用中要注意以下问题：①严格执行"一采一灌"的利用模式，避免对地下水资源造成影响；②充分挖掘热交换潜力，降低回灌水温度，充分利用地热资源。

2. 地源热泵

地源热泵是一种利用地下深层土壤热资源（也称地能，包括地下水、土壤或地表水等）的热转换装置，既可供热又可制冷的高效节能系统。地源热泵利用地热、一年四季地下土壤温度稳定的特性，冬季把地热作为热泵供暖的热源，夏季把地热作为空调制冷的冷源。

相比传统锅炉集中供热，地源热泵具备以下优点：①开关灵活，可自主调节设备运行时间，便于节约成本减少能耗；②不耗用煤炭等一次能源，可大量减少燃煤带来的 SO_2 等大气污染物和 CO_2 等温室气体的排放量；③一套设备同时解决全厂供热与制冷，节省管材和安装费用。

3. 非常规水源热能

非常规水源热能贮存于城市污水、工业或电厂冷却水、海水以及江河湖等地表水中,属于低品位热源。非常规水源热能的利用主要通过热泵实现。非常规水源热泵是以非常规水源作为提取和贮存能量的冷热源,借助热泵机组系统内部制冷剂的物态循环变化,消耗少量的电能,从低品位热源中提取热量,将其转换成高品位清洁能源,从而达到制冷制暖效果的一种创新技术。

目前,非常规水源热泵主要分为城市污水源热泵、工业用水源热泵、地表水热泵三种。非常规水源热泵具有如下优点。

(1)污染小。废热利用非常规水源热泵主要利用城市废热和自然环境中的热能作为冷热源,进行能量转换,替代化石能源消耗。同时,不产生废渣、废水、废气,有效降低对环境的污染。

(2)能效比高。目前非常规水源热泵技术已较成熟和稳定,所需水源的温度与城市污水、电厂冷却水等的温度相适宜,大大降低了化石燃料的消耗。据测算,非常规水源热泵能效比高于其他集中供热方式,非传统水源热泵的能效比为 $4\sim6$,而传统锅炉能效比仅为 0.9,空气源热泵能效比约为 2.5。

(3)清洁环保。非常规水源热泵机组的运行没有任何污染,没有燃烧,没有排烟,不产生任何废渣、废水、废气和烟尘,不需要堆放燃料废物的场地,且不用远距离输送热量。据测算,非常规水源热泵主要大气污染物排放是锅炉房的 10%。

(4)节约土地。非常规水源热泵省去了锅炉房和与之配套的煤场、煤渣以及冷却塔和其他室外设备。结构紧凑,体积小,占用空间少。在供热能力相同的情况下,非常规水源热泵占地面积仅为传统锅炉房的 20%。

(5)应用广泛。非常规水源热泵技术主要是以水作为能量介质,因此凡是具有污水源的地域和城市,均可利用此技术为建筑物提供制冷、供暖和热水服务,实现一机三用(制冷、供暖、生活热水)。

（6）运行费低。非常规水源热泵初次投资低,运行费用低,经济性优于传统供热、供冷方式。与其他可再生能源（风能、太阳能）比较,非常规水源热泵经济效益最为突出。

因此,在新型城镇建设中推广使用非常规水源热泵,将其作为未来集中供热系统的有益补充,对于优化建筑用能结构、实现节能降耗目标、改善环境质量、节约土地资源,具有深远而重大的意义。

(四)风能

在城镇建设中,地热资源主要用于建筑供热,利用方式主要为地热井和地源热泵。按照风能资源量的大小,全国大致可分为四类地区（表 6-4）。

表 6-4　全国风能四类地区

地区分类	年有效风能密度/（W/m²）	风速≥3m,0/s 的年累计时间/h	风速≥6m/s 的年累计时间/h	主要地区
丰富区	＞200	＞5000	＞2200	东南沿海、山东半岛和辽东半岛沿海地区；三北地区（东北、华北北部和西北地区）；松花江下游区
较丰富区	150～200	4000～5000	1500～2200	东南沿海内陆和渤海沿海区；三北（东北、华北北部和西北地区）的南部区；青藏高原区
可利用区	50～150	2000～4000	350～1500	两广沿海区；大小兴安岭山地区；中部地区
贫乏区	＜50	2000	＜1500	川云贵和山岭地区；雅鲁藏布江和昌都地区；塔里木盆地西部区

二、小城镇建筑节能设计

(一)太阳能设计

1. 主动式太阳房

主动式太阳房是以太阳能集热器、散热器、管道、风机或泵，以及蓄热装置组成的强制循环太阳能采集系统；或者是由上述设备与吸收式制冷机组成的太阳能空调系统。这种系统控制调节比较灵活、方便，应用也比较广泛，除居住建筑外，还可用于公共建筑和生产建筑。但主动式太阳房的一次性投资较高，技术较复杂，维修工作量也比较大，并需要消耗一定量的常规能源。因而，对于小型建筑特别是居住建筑来说，基本都被被动式太阳房所代替。

2. 被动式太阳房

被动式太阳房是通过建筑朝向和周围环境的合理布置、内部空间和外部形体的巧妙处理以及结构构造和建筑材料的恰当选择，使建筑冬季能集取、保持、贮存、分布太阳热能，从而解决冬季采暖问题；同时夏季能遮蔽太阳辐射，散发室内热量，从而使建筑物降温。

被动式太阳房不需要或仅需要很少的动力和机械设备，维修费用少。它的一次性投资及使用效果很大程度上取决于建筑设计水平和建筑材料的选择。被动式太阳房利用太阳能来采暖降温，节约常规能源，具有良好的经济效益、社会效益和环境效益。

被动式太阳房的采暖方式主要有：直接受益式、对流环路式、蓄热墙式和附加日光间式。其中直接受益式是最简单、最普遍的方式。

3. 太阳能热水器与太阳能灶的应用

太阳能热水器是把预先存储在一个容器中的冷水,通过太阳的直接照射面加热到一定温度,为家庭提供采暖、洗衣、炊事等用途的热水。水温随季节、地区的纬度、阳光照射时间的长短而不同,在夏季一般可达到 $50\sim60^{\circ}C$。

在阳光资源丰富、燃料短缺的地区,推广利用太阳灶作为农村家庭的辅助生活能源是很有意义的,太阳能灶一般采用反射聚焦太阳能灶,材料较易取得,制作也较方便,特别适用于村镇建筑。

太阳灶的构造由壳体、反光体、锅架、支架四部分组成。

(二) 沼气的利用

沼气能源是农村普遍采用的节能方法。沼气用来引火煮食,达到节约煤炭、减少污染的目的。沼气能作为太阳能应用的补充,有效地解决了人聚地域内排泄物的处理和再利用问题,极好地形成建筑可持续发展的过程,符合保护人类生态环境的要求。图 6-3 所示为沼气生态运行模式示意图,它是以太阳能为动力,以沼气建设为纽带,通过"生物质能转换"技术,在农户庭院或田园,将沼气池、畜禽室、厕所、日光温室组合在一起,构成能源生态综合利用体系,从而在同一块土地上实现产气、积肥同步、种植、养殖并举,能流、物流良性循环,成为发展生态农业的重要措施。

水压式沼气池,是我国农村推广最早、数量最多的池型。把厕所、猪圈和沼气池连成一体,人畜粪便可以直接打扫到沼气池里进行发酵。

沼气池场地的规划及要求也有讲究,沼气站位置应尽量靠近料源地,以便于原料的运输。沼气池的平面布置应分为生产区及辅助区(锅炉房、实验室、值班室)。由于沼气制气、储存均为低压,根据工程规模的大小,与民用房屋应有 $12\sim20m$ 的距离。由于可能的气味,宜布置在小区的下风向。

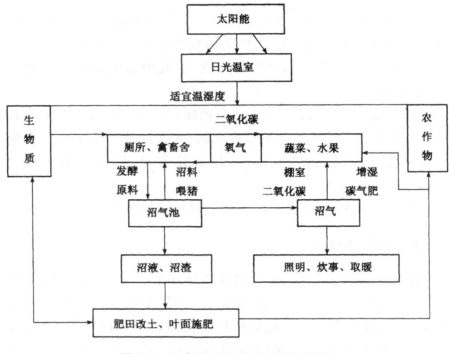

图 6-3　沼气池生态模式运行示意图

对日产沼气 $800\sim1000m^3$ 的沼气站来说,占地面积 $30m\times50m=1500m^2$ 即可。

(三)秸秆造气与利用

以农作物秸秆为原料的气化供气技术是近年来生物质能利用技术中发展最快的一种,由于秸秆气化技术具有原料多、可再生、低污染、分布广等特点,操作技术容易掌握,不需特殊条件,比较适合中国的农村实际,在我国广大农村推广应用前景广阔。秸秆造气可以较充分地利用农村分散的秸秆资源,变废为宝,是实现农村生活燃料现代化的一种重要手段。

秸秆气化有一些技术要点。

1. 设备

目前我国已有多种类型成型设备在市场上销售。秸秆气化集中供气设备系统由燃气发生炉机组、贮气柜、输气管网及用户燃气设备四部分组成；户用型秸秆气化设备系统主要包括净化造气炉、燃气过滤器和燃气灶（炉）具三部分。

2. 秸秆气化集中供气系统工艺流程

用铡草机将秸秆铡成小段，用上料机把秸秆送入气化炉中，秸秆在气化炉内经过热解气化反应转化成可燃气体，在净化器中去除燃气中含有的灰尘和焦油等杂质，由风机送至贮气柜中，从贮气柜出来的燃气通过铺设在地下的管网输送到系统中的每一用户。

3. 户用型气化炉工艺流程

主要工序是钢板材料通过冲压氧割、卷压成型，再焊接而成气化炉主体，添加秸秆等生物质到气化炉中进行气化反应，去除可燃气体中的灰分、焦油等杂质后，即可供燃气灶具使用。

(四)建筑体型节能设计

建筑物的耗热量主要与以下几个因素有关：体型系数、围护结构的传热系数、窗墙面积比、楼梯间开敞与否、换气次数、朝向、建筑物入口处是否设置门斗或采取其他避风措施。建筑体型的设计对建筑的节能有很大的影响。

1. 体型系数

体型系数是指建筑物围合室内所需与大气接触外包表面积（F_0）与其体积（V_0）的比值，即围合单位室内体积所需的外包面积，用 $S=F_0/V_0$ 表示。由于建筑物内部的热量是通过围护结构散发出去的,所以传热量就与外表面传热面积相关。体型系数越小,表示单位体积的外包表面积越小,即散失热量的途径越少,越具有节能意义。

2. 体型系数对节能节地的影响

我国《民用建筑节能设计标准(采暖居住部分)》(JGJ26—95)对寒冷和严寒地区以体型系数 0.3 为界,对集中供暖居住建筑的围护结构的传热系数给予限定,通过限制围护结构的传热系数来弥补由于体型系数过大而造成的能源浪费,但对农村住宅没有给出明确的规定。大量研究证明,在其他条件相同的情况下,建筑物的采暖耗热量随体型系数的增大而呈正比例升高。根据节能标准规定,当体型系数达到 0.32 时,耗热量指标将上升 5% 左右;当体型功能系数达到 0.34 时,耗热量指标将上升 10% 左右;当体型系数上升到 0.36 时,耗热量指标将上升 20% 左右。

为了保证日照的要求,保证交通、防火、施工等的要求,每栋建筑之间需要有足够的间距,农村发展多层住宅的发展(与平房相比体型系数减小)对节约用地是非常有利的。

3. 体型对日辐射得热的影响

仅从冬季得热最多的角度考虑,应使南向墙面吸收的辐射热量尽可能地最大,且尽可能地大于其向外散失的热量,以将这部分热量用于补偿建筑的净负荷。

图 6-4 是将同体积的立方体建筑模型按不同的方式排列成为各种体型和朝向,从日辐射得热多少角度可以得出建筑体型对节能的影响。由图 6-4 可以看出,立方体 A 是冬季日辐射得热最少的建筑体型,D 是夏季日辐射得热最多的体型,E、C 两种体型的全年日辐射得热量较为均衡。长、宽、高比例较为适宜的 B 种体型,在冬季得热较多,在夏季得热为最少。

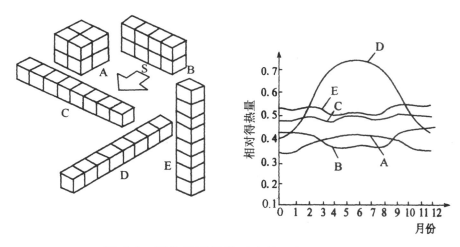

图 6-4　同体积不同体型建筑日辐射得热量

4. 体型对风的影响

风吹向建筑物,风的方向和速度均会发生相应的改变,形成特有的风环境。单体建筑的三维尺寸对其周围的风环境影响很大。从节能的角度考虑,应创造有利的建筑形态,减少风流、降低风压,减少能耗损失。建筑物越长、越高、进深越小,其背面产生的涡流区越大,流场越紊乱,对减少风速、风压有利,如图 6-5 至图 6-7 所示(图中 a 为建筑物长度,b 为建筑物宽度,h 为建筑物高度)。

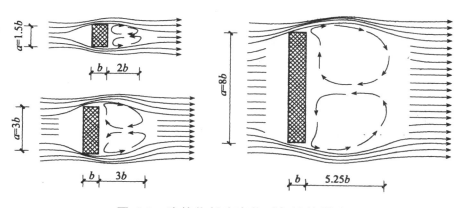

图 6-5　建筑物长度变化对气流的影响

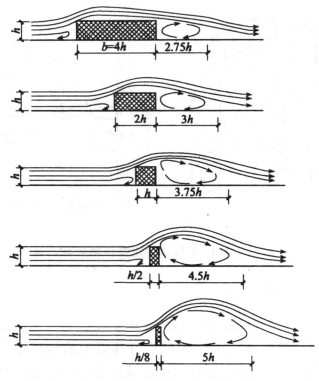

图 6-6　建筑物宽度变化对气流的影响

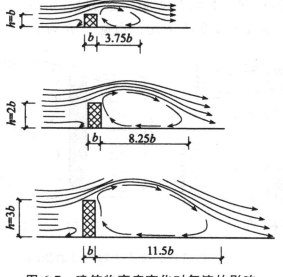

图 6-7　建筑物高度变化对气流的影响

　　从避免冬季季风对建筑物侵入来考虑,应减少风向与建筑物长边的入射角度。

　　建筑平面布局、风向与建筑物的相对位置不同,其周围的风环境有所不同,如图 6-8 至图 6-11 所示。由图 6-8 可以看出,风在条形建筑背面边缘形成涡流。风在 L 形建筑中,如图 6-9 中的两个布局对防风有利。U 形建筑形成半封闭的院落空间,图 6-10 所示的布局对防寒风十分有利。全封闭建筑当有开口时,其开口不宜朝向冬季主导风向和冬季最不利风向,而且开口不宜过大,如图 6-11 所示。

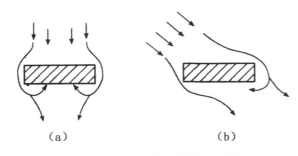

（a）　　　　　　　　　（b）

图 6-8　条形建筑风环境平面图

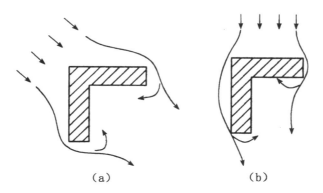

（a）　　　　　　　　　（b）

图 6-9　L 形建筑风环境平面图

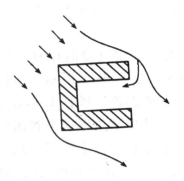

图 6-10　U 形建筑风环境平面图

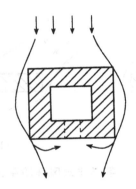

图 6-11　方形建筑风环境平面图

　　不同的平面形体在不同的日期内,建筑阴影位置和面积也不同,节能建筑应选择相互日照遮挡少的建筑形体,以减少因日照遮挡影响太阳辐射得热,如图 6-12 所示。

　　总之,体型系数不只影响建筑物外围护结构的传热损失,它还与建筑造型、平面布局、采光通风等紧密相关。体型系数太小,将制约建筑师的创造性,使建筑造型呆板,平面布局困难,甚至损害建筑功能。因此,在进行住宅的平面和空间设计时,应全面考虑,综合平衡,兼顾不同类型的建筑造型,在保证良好的围护结构保温性能、良好的朝向及合适的窗墙面积比、合理利用可再生能源等情况下,使体型不要太复杂,凹凸面不要太多。

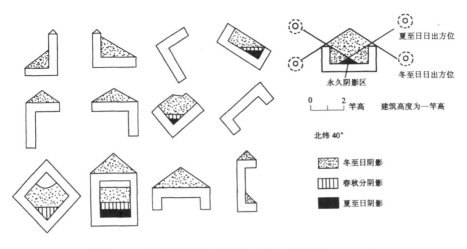

图 6-12 不同平面形体在不同日期的房屋阴影

(五)围护结构的节能设计

在建筑物的朝向、体型系数、楼梯间开敞与否及建筑物入口处处理一定的情况下,建筑物的耗热量与其围护结构有着密切的关系。围护结构的节能设计涉及建筑的外墙、屋顶、门窗、楼梯间隔墙、首层地面等部位。我们应特别注重围护结构的保温设计,采用高效保温隔热材料,加强围护结构的保温隔热性能。

1. 围护结构的墙体设计

从传热耗热量的构成来看,外墙所占比例最大,约占总耗热量的 1/3 左右,必须要重视外墙的保温。影响墙体热工性能的因素主要包括两方面:一是墙体选用的材料性能,二是墙体构造做法。为提高住宅质量,住宅建设中强制淘汰不符合资源节约和环境保护要求与质量低劣的材料和产品,积极采用符合国家标准的资源节约型优质材料和产品。

(1)围护结构墙体构造方案设计。一般而言,单一材料的外墙,在合理的厚度之内,很少有能够满足节能标准要求的。因此,发展复合墙体才能大幅度提高墙体的保温隔热性能。复合墙体是把墙体承重材料和保温材料结合在一起。有外保温、内保温和夹芯保温三种结构形式，每种方式各有它的优缺点。

①外保温复合墙体。外保温复合墙体做法是把保温材料复合在墙体外侧，并覆以保护层。这样，建筑物的整个外表面（除外门、窗洞口）都被保温层覆盖，有效抑制了外墙与室外的热交换。

外保温可以避免产生热桥。在寒冷的冬天，热桥不仅会造成额外的热损失，还可能使外墙内表面潮湿、结露，甚至发霉和淌水，而外保温则不存在这种问题。由于外保温避免了热桥，在采用同样厚度的保温材料条件下，外保温要比内保温的热损失减少约 1/5，从而节约了热能。

外保温的综合经济效益很高，特别是由于外保温比内保温增加了使用面积近 2%，实际上是使单位使用面积造价得到降低。加上有节约能源、改善热环境等一系列好处，综合效益是十分显著的。

②内保温复合墙体。内保温墙体是将保温材料复合在建筑物外墙的内侧，同时以石膏板、建筑人造板或其他饰面材料覆面作为保护层。

设计中不仅要注意采取措施（设置空气层、隔气层），避免由于室内水蒸气向室外渗透，在墙体内产生结露而降低保温层的保温隔热性能，还要注意采取措施消除一些保温隔热层覆盖不到的部分产生"冷桥"而在室内产生结露现象，这些部位一般是内外墙交角、外窗过梁、窗台板、圈梁、构造柱等处。

内保温墙体的外侧结构层密度大、蓄热能力大，因此这种墙体室温波动较大，供暖时升温快，不供暖时降温也快。

内保温做法是把保温材料放置在墙体的内侧，占用住宅的使用面积和不便于居民二次装修等缺点。尤其随着住宅商品房逐步实施以使用面积记价的政策，住宅建筑不宜采用墙体内保温的构造做法。

③夹芯保温复合墙体。夹芯保温做法是把保温材料放置在结构中间。它的优点是对保温材料的强度要求不高，但施工过程

极易使保温材料受潮而降低保温效果,同时由于内部的墙体较薄,冬季室内蒸汽渗透在保温层及夹芯墙体的交接面上,在复合墙体内部产生结露,增加湿积累,从而降低保温效果。

（2）围护结构墙体的热工性能。围护结构墙体增设保温层的厚度,可根据当地气候特点、墙体材料、节能要求等经过计算来确定。

考虑施工方便,保温层自重不宜太大,墙体总厚度不能太大而使房间的使用面积减少,住宅建筑的外墙宜采用聚苯乙烯泡沫塑料板、挤塑型聚苯乙烯泡沫塑料板、水泥珍珠岩板、岩棉板、矿棉等轻质高效保温材料与当地承重材料组合的复合墙体。

2. 围护结构的屋顶设计

围护结构的屋顶设计,对多层住宅而言,屋顶在整个外围护结构中,所占比例较小,约为 8%,因此通过它的热量损失也较小,但是对顶层住户而言,屋顶的保温性能对室内的舒适度影响最显著,必须对屋顶进行保温和隔热设计。而村镇住宅以平房和低层住宅为主,通过屋顶的耗热比例会明显提高,因此,对村镇住宅屋顶的保温和隔热应给予更多的重视。对于严寒和寒冷地区,主要措施就是采用保温材料作为保温层,增大屋顶的热阻。综合各种保温材料的节能效果和经济性分析评价,住宅屋顶的保温材料宜选用聚苯乙烯泡沫塑料板、挤塑型聚苯乙烯泡沫塑料板、水泥聚苯板、岩棉等轻质高效保温隔热材料。对于炎热地区,屋顶注意隔热,降低夏季空调耗能量。

平屋顶的保温隔热构造形式分为实体材料保温隔热、通风保温隔热屋面、植被屋面和蓄水屋面等。平屋顶的实体保温层可放在结构层的外侧（外保温）,也可放在结构层的内侧（内保温）。

坡屋顶的保温隔热,考虑坡屋顶排水顺畅,容易解决屋顶防水问题;尤其采用彩色压型钢板,提高了工业化程度,加快了施工速度;坡屋顶在造型上较美观;改善了顶层的热工条件,避免了夏天热辐射之苦等,城市住宅大量采用坡屋顶。至于大量农村住宅同样采用坡屋顶的形式较多。

3. 围护结构的门窗设计

窗户是除墙体之外,围护结构中热量损失的另一个大户。一般而言,窗户的传热系数远大于墙体的传热系数,所以尽管窗户在外围护结构表面中占的比例不如墙面大,但通过窗户的传热损失却有可能接近甚至超过墙体。因此,对窗户的节能必须给予足够的重视。

窗户的保温性能主要可以从窗用型材和玻璃的保温性能来考虑。目前,我国常用的窗用型材有木材、钢材、铝合金、塑料。表6-5中列出了上述四种窗框材料的导热系数值。从表中可以看出,木材和塑料的保温隔热性能优于钢材和铝合金材料。但钢材和铝合金经断热处理后,热工性能明显改善。与PVC塑料复合,也可显著降低其导热系数。

表6-5　几种材料的导热系数值(λ)

品种	松、杉木	塑料	钢材	铝合金
$\lambda[W/(m \cdot K)]$	$0.14 \sim 0.29$	$0.10 \sim 0.25$	$58.2 \sim 203$	174.4

玻璃按其性能不同可分为平板玻璃、中空玻璃、镀膜玻璃和彩色玻璃(吸热玻璃)四类。另外,还有一些新型镀膜玻璃(如低辐射玻璃)。

4. 窗墙面积比的设计

窗户的主要目的是采光、通风、眺望、丰富建筑立面等。窗户数量过少或尺寸过小,会使人们产生禁闭和不快感。同时,室内显得昏暗,甚至白天也需要照明,这样反而会增加能耗。另外,外窗面积、形状的设计影响着建筑立面效果。总之,窗户面积大小的设计,不能单纯只求绝热,必须全面综合地加以考虑。

关于窗墙面积比确定的基本原则,是依据这一地区不同朝向墙面冬、夏日照情况（日照时间长短、太阳总辐射强度、阳光入射角大小），冬、夏室内外空气温度、室内采光设计标准以及开窗面积与建筑能耗所占比率等因素综合考虑确定的。

住宅的窗户不管哪个方向的窗户要优先选用单框双玻窗和双层窗，尤其在北向不宜选用单层窗。一般普通窗户（包括阳台门的透明部分）的保温隔热性能比外墙差得多，冬季通过窗户的耗热比外墙大得多，增大窗墙面积比对节能不利。从节能角度出发，必须限制窗墙面积比，尤其对于北向窗，寒冷地区村镇住宅北向不开或开小的换气窗。

一般南向窗的透明玻璃窗在冬季是有利的，尤其是采用双层窗，与其热损失相比，太阳辐射所起的辅助作用更大些。利用双层玻璃窗或双层窗，对太阳能的摄取超过了它本身的热损失，这样南向窗本身就变成太阳能利用的部位。

5. 围护结构的其他部位及朝向设计

（1）楼梯间隔墙、首层地面、阳台门、户门。从传热耗热量的构成来看，外墙所占比例最大，占总耗热量的 1/3；其次是窗户，传热耗热约占总能耗的 1/4、空气渗透约 20% 多；接着是屋顶和楼梯间隔墙（在有不采暖楼梯间情况下），地面、户门和阳台门下部所占比例较小，但这些部位的保温是不可忽视的，否则，建筑物的热舒适性能、建筑物的节能效益以及经济效益都受到影响。由对围护结构进行能耗分析和外保温节能量计算的结果可知，随着外墙保温层厚度的不断增加，节能效果的增加不再显著；当达到一定厚度以后，节能效果将趋于不变。

（2）建筑的朝向。建筑物的朝向对于建筑节能亦有很大的影响。同是长方形建筑物，南向太阳辐射量最大，当其为南北向时，耗热量较少。而且，在面积相同的情况下，主朝向面积越大，这种倾向越明显。因此，从节能角度出发，如果总平面布置允许自由考虑建筑物的朝向和形状，则应首先选择长方形体型，采用南北朝向。由于地形、地势、规划等因素的影响，朝向不能成为南北向;在居住小区总体规划中,要考虑当地主导风向组织小区的自然通风,减少建筑物的风影区,或组织单体建筑的自然通风时,要尽量使建筑物朝向南偏西或南偏东,不超过 45°。

(六)建筑节能设计

由于城镇经济规模不大,工业、交通能耗所占比例相对较低,建筑能耗占城镇总能耗的比重相对较高,约 80%。因此,建筑节能在城镇能源系统优化配置中具有重要意义。

1. 既有住宅建筑节能改造

由于既有居住建筑的布局、体形、朝向、围护结构、构造等已确定,不能更改或难以更改,因此,既有居住建筑的改造只能从围护结构(屋面、墙体、窗户)和外部环境着手。

(1)外墙节能改造。外墙节能改造减少既有建筑外墙传热主要通过增强外墙体的保温、隔热性能实现。实践证明,外墙的外保温隔热与外墙内保温隔热相比,在保温隔热性能、减少冷桥、减少结露及施工干扰方面有着较大优势。既有建筑节能改造,选用外墙外保温为最佳方案。从技术经济比较及热工设计的角度考虑,黏结固定方式薄抹灰外保温系统,更适用于现有住宅建筑节能改造。

(2)屋面节能改造。

①平改坡。即将保温性能较差的平屋顶改为坡屋顶或斜屋顶。坡屋顶利用自然通风,可以把热量及时送走,减少太阳辐射,达到降温作用。

②架空平屋面。对于下层防水层破坏,保温层失效的屋面,可通过在横墙部位砌筑 100~150mm 高的导墙,在墙上铺设配筋加气混凝土面板,再在上部铺设防水层,形成一个封闭空间保温层;对于完好的屋面,可在屋面荷载条件允许下,在屋面上砌筑 150mm×150mm 左右方垛,在上铺设 500mm×500mm 水泥薄板,解决隔热问题的同时,对屋面防水层起到一定保护作用。

③干铺保温材料屋面。即在防水层确实已老化造成渗漏、必须翻修的情况下，在屋面修漏补裂，进行局部翻改；完成防水层改造后，再在改善后的防水层上做保温处理。具体做法是留出排水通道，干铺保温材料。

④种植屋面。即在屋顶上种植植物，利用植物的光合作用，将热能转化为生化能；利用植物叶面的蒸腾作用增加蒸发散热量，大大降低屋顶的室外综合温度；利用植物培植基质材料的热阻与热惰性，降低内表面温度与温度振幅。据研究，种植屋面的内表面温度比其他屋面低 2.8～7.7℃，温度振幅仅为无隔热层刚性防水屋顶的 1/4。

⑤倒置屋面。即在原防水层上，干铺防水性能好、强度高的保温材料，然后在其上再铺设一层 4～5mm 厚油毡，再在其上干铺挤塑聚苯保温板，板上铺设过滤性保护薄膜，最上面铺设卵石层。

（3）门窗节能改造。门窗是建筑围护结构的重要组成部分，有超过 1/3 的热能经门窗损失掉。对门窗的改造较为简单易行。

①门。居住建筑的门多为木门，在木门中间或内外贴置聚苯乙烯板，可以提高保温效果。

②窗户。对于钢窗框和铝合金窗框要避免冷桥。应按照规定，设置双玻或三玻窗，并积极采用中空玻璃、镀膜玻璃，有条件的建筑还可采用低辐射玻璃。

③窗帘。室内可使用镀膜窗帘，冬季镀膜层使热量在室内循环以减少供热用能；夏季可防止强烈的太阳辐射而减少制冷用能。

④采用遮阳措施。即在透明玻璃表面粘贴薄膜，降低遮蔽系数，增大热阻。

2. 公共建筑节能

根据《民用建筑设计通则》，公共建筑是指供人们进行各种公共活动的建筑。包括办公建筑（如写字楼、政府部门办公室等），商业建筑(如商场、金融建筑等),旅游建筑(如旅馆饭店、娱乐场所等),科教文卫建筑(包括文化、教育、科研、医疗、卫生、体育建筑等),通信建筑(如邮电、通信、广播用房)以及交通运输类建筑(如机场、车站建筑、桥梁等)。公共建筑节能主要通过推广节能建筑、绿色建筑实现。

节能建筑是指遵循气候设计和节能的基本方法,对建筑规划分区、群体和单体、建筑朝向、间距、太阳辐射、风向以及外部空间环境进行研究后,设计出的低能耗建筑。节能建筑所体现的是将整个建筑与环境融合起来,使其成为一个绿色的整体,通过大自然最大限度满足整个建筑的需求。它所涉及的领域很多,主要是墙体、窗户、地板、屋顶4个地方。

2015年2月2日,住房和城乡建设部发布了《公共建筑节能设计标准》(GB50189—2015),并于2015年10月1日在全国施行。按照该标准新建、扩建和改建的公共建筑,通过改善建筑围护结构保温、隔热性能,提高供暖、通风、空调设备、系统的能效比,采取增进照明设备效率等措施,在保证相同的室内热环境舒适参数条件下,与20世纪80年代初设计建成的公共建筑相比,全年供暖、通风、空调和照明的总能耗可减少50%。

3. 工业建筑节能

工业建筑指供人民从事各类生产活动的建筑物和构筑物。工业厂房是工业建筑最主要的形式。厂房节能主要通过推广节能标准厂房实现。节能标准厂房是根据生态位理论,将建筑全生命周期节能设计准则与标准厂房规划设计进行整合,以节能为核心,符合可持续发展战略与生态原则,具有功能适用性、技术先进性、环境协调性的厂房。例如在厂房屋顶和墙面喷涂保温涂料,冬季保暖、夏季隔热;厂房墙面设计不小于墙体面积30%的天窗,充分利用自然采光,提高厂房自然光亮度,减少灯光照明;利用标准厂房屋顶面积较大的特点,在厂房顶设置太阳能发电装置等。节能标准厂房的建筑投资要比普通厂房的建造投资高约20%,但在投入后每年可节约电能约 10%,经济效益非常可观。

(七)工业节能设计

在城镇中,工业企业大多为中小企业。与大型企业相比,中小企业由于生产规模小、产品单耗成本高、技术设备更新慢、管理不到位等因素,能耗相对较高。降低城镇内工业企业能耗,可通过淘汰落后产能、加强工业余热利用、严格管理节能等措施实现。

1. 淘汰落后产能

从生产的技术水平角度判断,落后产能指技术水平低于行业平均水平的生产设备、生产工艺等生产能力;从生产能力造成的后果角度判断,指技术水平(包括设备、工艺等)达不到国家法律法规、产业政策所规定标准的生产能力。淘汰落后产能是转变经济发展方式、调整经济结构、提高经济增长质量和效益的重大举措,是实现节能减排、积极应对全球气候变化的迫切需要。

在城镇工业企业中,尤其是经济欠发达地区的城镇,落后的中小企业较多,依托当地资源发展起来的小炼铁、小水泥、小建材等产业单一、技术落后,单位产品能效水平低,污染物排放量大,造成能源浪费和环境污染。同时,由于规模小、经营风险高,缺少可供担保抵押的财产,融资难、担保难,部分政府扶持政策难以落实到位,使得中小企业工艺设备更新换代困难,转产的难度更大。

因此,在城镇建设中淘汰落后产能,首先要切实解决"贷款难"问题,拓宽中小企业融资渠道,适度放宽中小企业贷款抵押条件,降低贷款门槛,完善融资担保体系,增加贷款额度。同时,应加大对中小企业的政策扶持力度,各级节能专项资金、税收优惠、技改奖励、融资担保等政策应进一步向中小企业倾斜,按照重点产业调整和振兴规划要求,重点支持中小企业采用新技术、新工艺、新设备、新材料进行技术改造。

2. 加强工业余热利用

余热是在一定经济技术条件下,在能源利用设备中没有被利用的能源,也就是多余、废弃的能源。

根据"十大重点节能工程",工业余热余压利用的主要内容包括冶金行业、煤炭行业、建材行业、化工行业,还有其他行业。

3. 严格管理节能

在工业企业中,科学合理的能源利用管理措施也是实现工业节能的重要手段之一。工业企业管理节能可以通过引导企业、办公楼等实施能源审计、合同能源管理等措施来实现提高能效、节约能源的目的。

(1)能源审计。能源审计是指能源审计机构依据国家有关的节能法规和标准,对企业和其他用能单位能源利用的物理过程和财务过程进行的检验、核查和分析评价。能源审计的主要方法包括产品产量核定、能源消耗数据核算、能源价格与成本核定、企业能源审计结果分析等。

(2)合同能源管理。合同能源管理是目前国际上最先进的能源管理模式,是一种基于市场的先进能源管理机制。专业能源服务机构——节能服务公司(energy management company,EMC)通过与客户签订能源服务合同,采用先进的节能技术及全新的服务机制为客户实施节能项目。

(八)公共设施节能

公共设施是指由政府或其他社会组织提供的、属于社会公众使用或享用的公共建筑或设备,具有服务种类多、服务面广、能源消耗高等特点。公共设施节能主要包括道路照明系统节能、公共交通系统节能、公共建筑节能等。

道路系统节能要在保证道路照明效果达到相应的标准的前提下,最大限度地降低道路照明的能耗,做到"点着灯节电",提高能源利用效率的同时,保障城镇道路行车的安全性和畅通性。

(1)确定合理的照明标准,在道路照明系统设计时,首先要确定道路照明等级,按照主干道、次干道、住宅小区等不同的照明场所进行合理设计,以便最大限度地利用光能。

(2)选用性能好的光源。在适当考虑灯泡显色性的基础上,使用高效光源是照明节能的重要环节。例如 LED 半导体照明设备具有电压低、电流小、亮度高的特性,达到很好的节能效果。通过安装 LED 路灯系统控制器,还可以根据道路实际情况,选择不同的模式,有较弱的光线时采用半功率模式,后半夜采用"隔二亮一"模式等。

(3)科学控制开关时间。道路照明启闭时间准确与否也是照明节能的一个主要方面。合理地控制路灯的启闭时间能够有效地节约能源,可通过人工控制、时钟控制、光电控制、微机控制等方式对照明时间进行控制。

(4)降低无功损耗,缩小供电半径。随着供电质量不断提高,电网电压日趋稳定正常,而到下半夜当用电明显减少时,供电电压升高较多,则照明用电量的功耗也随之上升。

参考文献

［1］陈吉宁,赵冬泉.城市排水管网数字化管理理论与应用［M］.北京:中国建筑工业出版社,2010.

［2］陈丽华,苏新琴.小城镇规划原理［M］.北京:中国环境出版社,2015.

［3］陈宗兴,张其凯,尹怀庭.中国乡镇企业发展与小城镇建设［M］.西安:西北大学出版社,1995.

［4］范凌云,郑皓.城市设计与控制性详细规划［J］.苏州城市建设环境保护学院学报,2002(1).

［5］付彬.可再生能源在小城镇中的应用［D］.天津:天津大学,2005.

［6］郭新天.小城镇生态环境建设刍议［J］.小城镇建设,2003(6).

［7］国家环境保护总局.小城镇环境规划编制技术指南［M］.北京:中国环境科学出版社,2002.

［8］黄富国.城市化加速过程中小城镇地域传统文化研究［J］.城市规划,2000(2).

［9］黄光宇,陈勇.生态城市理论与规划设计方法［M］.北京:科学出版社,2003.

［10］金兆森.村镇规划［M］.南京:东南大学出版社,1999.

［11］李树琮.中国城市化与小城镇发展［M］.北京:中国财政经济出版社,2002.

［12］李文华.生态学与城市建设［J］.林业科技管理,2002(4).

［13］林勇.小城镇生态建设评价研究［D］.青岛:青岛大学,2008.

［14］龙小凤,周萍.城市设计中的可持续发展［J］.西北建筑

工程学院学报(自然科学版),2001(4).

[15]陆钟武.工业生态学基础[M].北京:科学出版社,2009.

[16]骆中钊,温娟,常文韬.新型城镇生态环保设计[M].北京:化学工业出版社,2017.

[17]裴元森,郑吉恩.如何建设可持续发展的现代化生态城市[J].苏南科技开发,2007(3).

[18]阮铮.新农村规划与建设读本[M].郑州:黄河水利出版社,2012.

[19]邵旭.村镇建筑设计[M].北京:中国建材工业出版社,2016.

[20]沈满洪.生态经济学[M].北京:中国环境科学出版社.2008.

[21]汤铭潭,谢映霞,蔡运龙,祁黄雄.小城镇生态环境规划[M].北京:中国建筑工业出版社,2007.

[22]万敏,唐俊扬.城市夜景观的特色营造[J].小城镇建设,2003(2).

[23]王建国.城市设计[M].北京:中国建筑工业出版社,2015.

[24]王宁.城镇规划与管理[M].北京:中国物价出版社,2002.

[25]王士兰,游宏滔.小城镇城市设计[M].北京:中国建筑工业出版社,2006.

[26]王巍,陈岩松.城市设计实施体制探讨[J].规划师,2001(4).

[27]王雨村,杨新海.小城镇总体规划[M].南京:东南大学出版社,2002.

[28]温娟,骆中钊,李燃.小城镇生态环境设计[M].北京:化学工业出版社,2012.

[29]吴庆洲,李炎,余长洪等.城市洪涝灾害防治规划[M].北京:中国建筑工业出版社,2016.

[30]徐晓珍.小城镇基础设施规划指南[M].天津:天津大学出版社,2015.

[31]杨持.生态学[M].北京:高等教育出版社,2008.

[32]袁中金,钱新强,李广斌等.小城镇生态规划[M].南京:

东南大学出版社,2003.

[33]袁中金,王勇.小城镇发展规划[M].南京:东南大学出版社,2001.

[34]张广钱.小城镇生态建设与环境保护设计指南[M].天津:天津大学出版社,2015.

[35]郑强,卢圣等.城市园林绿地规划[M].北京:气象出版社,1999.

[36]吴康,方创琳.新中国60年来小城镇的发展历程与新态势[J].经济地理,2009,29(10).